Rheinisch-Westfälische Akademie der Wissenschaften

Natur-, Ingenieur- und Wirtschaftswissenschaften   Vorträge · N 244

Herausgegeben von der
Rheinisch-Westfälischen Akademie der Wissenschaften

24. Jahresfeier am 22. Mai 1974

VOLKER ASCHOFF

Aus der Geschichte der Nachrichtentechnik

Westdeutscher Verlag

24. Jahresfeier am 22. Mai 1974 in Düsseldorf

© 1974 by Westdeutscher Verlag GmbH, Opladen
Gesamtherstellung: Westdeutscher Verlag GmbH

ISBN 978-3-531-08244-8   ISBN 978-3-322-90074-6 (eBook)
DOI 10.1007/978-3-322-90074-6

Inhalt

Präsident Professor Dr. theol. *Bernhard Kötting*, Münster (Westf.)
   Begrüßungsansprache 7

Professor Dr.-Ing. *Volker Aschoff*, Aachen
   Aus der Geschichte der Nachrichtentechnik 13

Begrüßungsansprache

Von *Bernhard Kötting*, Münster (Westf.)

Die Rheinisch-Westfälische Akademie der Wissenschaften hat sich nicht in Anlehnung an eine alte renommierte Universität entwickelt, sie ist vielmehr als Institution des Landes von Geburt an in gleicher Weise zu allen bestehenden Universitäten, technischen Hochschulen und öffentlichen Forschungseinrichtungen in Beziehung gesetzt worden. Als eines der Kommunikationszentren all dieser Einrichtungen freut sie sich über die Aufmerksamkeiten, die ihr von allen Gästen zuteil werden, die der Einladung zur Teilnahme an dieser Jahresfeier gefolgt sind. Darum verdienten Sie eigentlich alle, einzeln begrüßt zu werden, da wir auch mit jedem von Ihnen das Band enger knüpfen möchten. Hier muß es schon bei der Bekundung des Wunsches sein Bewenden haben. Auswahl ist vonnöten. Die Nichterwähnten mögen sich durch die Nennung eines Repräsentanten, dem sie sich zugeordnet fühlen, mit angesprochen fühlen.

Herr Ministerpräsident *Kühn*, Vorsitzender des Kuratoriums der Akademie, und Herr Minister *Rau*, sein Stellvertreter, haben sich entschuldigen müssen, daß sie an dieser Festfeier nicht teilnehmen können, weil der scheidende Bundespräsident dem Lande Nordrhein-Westfalen gestern und heute einen Abschiedsbesuch macht. Als Vertreter der Landesregierung begrüße ich deshalb Herrn Minister Professor *Halstenberg*.

Besonders eng verbunden wissen wir uns mit unserem Kuratorium. Aus dem eben genannten Grunde sind mehrere Mitglieder verhindert, um so freudiger heiße ich deshalb Herrn Dr. *Meyers* willkommen, ebenso auch die anwesenden Mitglieder des Landtags von Nordrhein-Westfalen.

Die Akademien in der Bundesrepublik sind fest davon überzeugt, daß eine Koordination ihrer Arbeit notwendig ist, und daß deshalb regelmäßig gegenseitige Information und Beratung der gemeinsamen Unternehmen erforderlich sind. So kann ich heute die Mitglieder des Senats der Konferenz der Akademien in unserer Mitte begrüßen, unter ihnen die Präsidenten der Bayerischen Akademie, Herrn *Raupach*, der Göttinger Akademie, Herrn *Pirson*, der Mainzer Akademie, Herrn *Bredt*, und Herrn *Milojcic* in Vertretung des Präsidenten der Heidelberger Akademie. Die den Akademien der Bundesrepublik so nahestehende Österreichische Akademie wird durch Herrn *Regler* vertreten.

Die Vertreter ausländischer Staaten heiße ich herzlich willkommen. Es sind der Generalkonsul der Schweiz, Herr *Spargnapani*, und der Wissenschaftsattaché der Französischen Botschaft, Herr *Pariaud*.

Die enge Verbundenheit der Akademien mit den Universitäten und Hochschulen des Landes Nordrhein-Westfalen und der ganzen Bundesrepublik manifestiert sich erfreulicherweise in der Anwesenheit vieler Rektoren und Kanzler, von denen ich in der Begrüßung nur den Vorsitzenden der Landesrektorenkonferenz, Herrn Kollegen *Knopp* aus Münster, nennen möchte.

Alle anwesenden Vertreter staatlicher, kommunaler und sonstiger Organisationen mögen mir verzeihen, daß ich sie nicht namentlich erwähne.

Zuletzt begrüße ich nun den Redner des heutigen Tages, unser Mitglied Herrn Kollegen *Aschoff* aus Aachen. Sein Name und das Thema seines Vortrages werden vielleicht manchen der Anwesenden bewogen haben, heute zu uns zu kommen. Für seine Bereitschaft zur Übernahme des Festvortrages danke ich ihm herzlich.

Die Rheinisch-Westfälische Akademie hat im Berichtsjahr acht ihrer ordentlichen Mitglieder und ein korrespondierendes Mitglied durch Tod verloren. Es sind aus der Klasse für Natur-, Ingenieur- und Wirtschaftswissenschaften die Kollegen *Karl Ziegler*, erster Präsident der Akademie, *Hans Schwippert*, der Erbauer unseres Hauses, *Helmut Ruska*, *Theodor Beste*, *Friedrich Seewald*, *Rudolf Spolders* und das korrespondierende Mitglied *Fritz Schröter*, Ulm; aus der Klasse für Geisteswissenschaften die Kollegen *Theodor Kraus* und *Frank-Richard Hamm*.

Im letzten Jahr ist unsere Akademie durch Zuwahl von 20 Mitgliedern beträchtlich gewachsen. Die Klasse für Natur-, Ingenieur- und Wirtschaftswissenschaften hat 10 neue Mitglieder in ihre Mitte berufen, die Klasse für Geisteswissenschaften ebenso viele. Es sind die Kollegen

Albach, Bonn
Bittel, Münster
Breuer, Bonn
Effert, Aachen
Eichhorn, Aachen
Mandel, Aachen
Priester, Bonn
Schreyer, Bochum
Schwartzkopff, Bochum
Wilke, Mülheim

Beierwaltes, Münster
Herrmann, Bochum
Hinck, Köln
Kaufmann, Bonn
Lewin, Bochum
Luhmann, Bielefeld
Mikat, Bochum
Schneemelcher, Bonn
Skalweit, Bonn und
Weinrich, Bielefeld.

So zählt die Akademie im Augenblick 123 ordentliche Mitglieder und 23 korrespondierende.

Zwei unserer ordentlichen Mitglieder haben durch den Weggang aus dem Lande Nordrhein-Westfalen die ordentliche Mitgliedschaft – wir hoffen, nur vorübergehend – verloren. Es sind die Kollegen *Lübbe*, der nach Zürich ging, und *Huber*, der nach Seewiesen übersiedelte. Sie bleiben uns jedoch während der Zeit ihrer Abwesenheit als korrespondierende Mitglieder erhalten.

Die natur-, ingenieur- und wirtschaftswissenschaftliche Schriftenreihe wurde im letzten Jahr durch 18 wissenschaftliche Schriften vermehrt; die Schriftenreihe der anderen Klasse durch 12 Beiträge, dazu kommen drei Abhandlungen.

Vor einigen Monaten konnte auch der Vertrag mit der Universität zu Köln unterzeichnet werden, durch den die Sammlung, Herausgabe und Kommentierung von Papyri fortgeführt werden soll. Die Arbeit wird im Institut für Altertumskunde der Universität zu Köln geleistet, die Verantwortung trägt die Papyrus-Kommission der Akademie.

Vom 15. bis 17. Oktober 1973 fand unter der Schirmherrschaft der Rheinisch-Westfälischen Akademie ein Symposium zum Thema „Mechanoreception" statt, dessen Träger der Sonderforschungsbereich „Biologische Nachrichtenaufnahme" in Bochum war.

Es besteht die Hoffnung, daß damit auch in unserer Akademie ein lebhafteres Interesse geweckt wird für die Teilnahme an solchen wissenschaftlichen Symposien bzw. die verantwortliche Übernahme durch Mitglieder unserer Akademie.

„In der Akademie finden sich die Meister der Wissenschaft vereinigt; und wenn nicht alle auf gleiche Weise Mitglieder derselben sein können, so sollen wenigstens alle durch sie repräsentiert werden, und zwischen den Mitgliedern und den übrigen des Namens würdigen Gelehrten ein solcher lebendiger Zusammenhang stattfinden, daß die Arbeiten der Akademie wirklich als Gesamtwerk ihrer aller Können angesehen werden. Jeder muß danach streben, dieser Verbindung anzugehören, weil das Talent, das einer ausgebildet hat, ohne die Ergänzung der übrigen doch nichts wäre für die Wissenschaft." So umschrieb vor mehr als hundert Jahren Schleiermacher das Wesen der Akademie. Inzwischen sind neben die alten Akademien neue und andere Institutionen getreten, die sich Aufgaben gestellt haben oder denen Aufgaben übertragen worden sind, die sich mit den Zielen einer Akademie berühren oder sich gar mit ihnen überschneiden. Daß die für die sinnvolle Verteilung der Finanzmittel verantwortlichen Regierungen in Bund und Ländern auf eine von den Akademien selbst zu leistende neue Standortbestimmung und die rechte Einordnung der von den Akademien übernommenen oder noch zu übernehmenden Aufgaben drängen, findet unser volles Verständnis. Wir möchten bei der Abwicklung dieses Vorganges mit den zuständigen Vertretern in Bund und Ländern in einem ständigen Gespräch bleiben. Die Bereitschaft dazu darf ich hier für die Rheinisch-Westfälische Akademie der Wissenschaften explizit und implizit auch für alle anderen Akademien der Bundesrepublik Deutschland aussprechen. Wenn man dem, was historisch geworden ist, eine berechtigte Bedeutung für die sachgerechte heutige Beurteilung zuerkennen will, dann ist zu beachten, daß die einzelnen Akademien je ein individuelles Gepräge tragen, das durch große Leistungen in der Vergangenheit bestimmt ist und auch noch ähnliche Leistungen für die Zukunft verspricht. Mir will scheinen, daß die individuelle Verschiedenheit unter den Akademien der Erreichung des gemeinsamen Zieles eher dienlich als hinderlich ist. Darum sind von ihrer Satzung und ihrer Struktur her zunächst nicht alle Akademien in der Lage, ähnliche Aufgaben in gleicher Weise durchzuführen. Die für die Akademien geltende Generallinie hat der Wissenschaftsrat in seinen ersten Empfehlungen bereits aufgezeigt: Die Akademien sollten sich solcher Forschungsvorhaben annehmen, die auf Grund ihrer Bedeutung internationales Ansehen genießen und auf Grund ihres Umfanges über lange Jahre sich hinziehen. Solche Richtlinien sind auch für außerdeutsche Akademien – etwa in Österreich oder in der Schweiz – aufgestellt worden. Diese Beschreibung hat inzwischen allseits Zustimmung gefunden. Diskutiert wird heute nur noch über die Möglichkeit, sogenannte Einmannprojekte in die Aufgabenstellung der Akademien einzubeziehen.

Mit diesen anerkannten Zielsetzungen steht nicht im Widerspruch, daß die bundesdeutschen Akademien in der Mehrheit ihre Mitglieder aus geographisch genau abgegrenztem Raume kooptieren. Das geschieht aus folgendem Grund: Die Zahl der Frauen und Männer, die auf Grund ihrer Berufung oder ihrer Anstellung die Aufgabe übernommen haben, in der wissenschaftlichen Forschung tätig zu sein, wächst immer mehr. In Nordrhein-Westfalen beträgt ihre Zahl mehr als 2000. Die Besten unter ihnen zu finden, ist leichter, wenn man sich bei der Festsetzung des Personenkreises, aus dem die Auswahl getroffen werden soll, weise Beschränkung auferlegt. Auswahlbegrenzung nach Landes- und Provinzgrenzen erwächst hier nicht aus einem gesinnungsmäßigen Provinzialismus.

Kooptiert werden einzelne Persönlichkeiten, die als Forscher schon ein gewisses Profil gewonnen haben; gewählt wird hingegen nicht das ggf. hinter dem Kooptierten stehende Institut. Daraus ergibt sich, daß eine der Hauptaufgaben der Akademien der disziplinübergreifende Gedankenaustausch mit neuen Anregungsmöglichkeiten für neue Aufgaben ist, nicht jedoch in erster Linie die auf Institute angewiesene Durchführung. So ist in den Akademien, um einmal ein den Geisteswissenschaften nicht sehr vertrautes Wort zu gebrauchen, ein großes, sachkritisches Potential enthalten, das die Regierungen in Bund und Ländern sich für die Beurteilung von Forschungsaufgaben und für die Bewertung ihrer Durchführbarkeit jederzeit zunutze machen können. Auch in dieser Hinsicht darf ich die Bereitschaft zu einem stetigen Gespräch ausdrücken.

Bei allem präsumierten Wohlwollen der Regierungen, Forschung insgesamt zu unterstützen, sieht jeder von uns die Notwendigkeit ein, daß bei der Vergabe von Mitteln Prioritäten gesetzt werden müssen. Der Maßstab dafür wird heute fast allgemein mit dem Begriff „gesellschaftspolitische Relevanz" zu finden versucht. Unter diesem Rahmenbegriff können viele vieles verstehen. Vielleicht kann man sich einigen, wenn man etwa folgendes damit aussagen will: In welchem Umfang und in welcher Zeit kann die politische Gemeinschaft, der Staat, erwarten, daß das von ihm für die Forschung, also die wissenschaftliche Erkenntnis, gegebene Geld Früchte trägt, die auch in den Augen der breiten Öffentlichkeit diese Ausgaben rechtfertigen? Hier ist nun ein großer Unterschied zwischen den einzelnen Arbeitsfeldern der wissenschaftlichen Forschung, und hier bitten wir um das Wohlwollen der politischen Führung und um das wechselseitig informierende Gespräch mit allen Vertretern der Presse und der anderen öffentlichen Informationsinstitute; denn wir sind uns wohl bewußt, daß das Werturteil über den Sinn und die Bedeutung wissenschaftlicher Forschung und damit der Motivation und der Rechtfertigung zukünftiger Förderung abhängig ist von der präformierten und intendierten Richtungsangabe aller Bildner der öffentlichen Meinung.

Das differenzierte Verhältnis, das die einzelnen Forschungsbereiche zueinander haben, wie sie sich gegenseitig ergänzen und bedingen, ist für den Außenstehenden, der aber mit seinem Geld das Ganze fördern soll, nicht leicht verstehbar. Geht es um Forschung im Dienste des technischen Fortschritts, so ist am leichtesten Einmütigkeit zwischen den staatlichen Geldgebern und den Mäzenen aus der privaten Wirtschaft und den Forschern zu erzielen; geht es um die Bereiche der Medizin und der Naturwissenschaften, deren Erkenntnisse der Gesundheit des einzelnen und der Förderung des sozialen Wohls der Allgemeinheit dienen, so stößt die Einholung des Einverständnisses ebenfalls nicht auf große Schwierigkeiten, höchstens die Einigung über die Höhe des erbetenen, bzw. notwendigen Betrages. Geisteswissenschaftliche Forschung, besonders wenn sie sich historischen Objekten zuwendet, ist heute unter dem Aspekt der Verkaufbarkeit ihrer Leistungen, speziell unter dem Gesichtspunkt der schnellen Erwartung von Ergebnissen, in der Rückhand. Jedoch ist gerade hier zu bedenken, daß Fehlorientierungen beim

Aufkeimen neuer Maßstäbe, Schweigen oder gar Begünstigung bei der Entwicklung von desorientierenden Schwerpunkten mit darauffolgenden politischen Wertentscheidungen oftmals Fehlentwicklungen auf dem gesellschaftlichen und politischen Weg der Staaten und der Menschheit zur Folge haben, die unsägliches Unheil bringen können. Gerade unter dem Aspekt der schnellen Beibringung von Ergebnissen kann hier auf das alte Bild vom Wettlauf zwischen dem Hasen und dem Igel verwiesen werden. Beide kommen zum nützlichen Ziel, der eine schnell, der andere langsam. Ähnlich geht es auch bei der wissenschaftlichen Forschung. Wir rechnen auf die Weitsichtigkeit der politischen Führung, hier die rechten Wertmaßstäbe anzulegen. Alle, die sich um neue Erkenntnisse bemühen, sei es, daß sie von einzelnen Forschern, sei es, daß sie von Gruppen in gemeinsamer Arbeit gewonnen werden, sitzen in einem Boot. Wird der Fortschritt, verstanden im besten und umfassenden Inhalt dieses Rahmenbegriffes, nicht gelenkt von den mühsam erarbeiteten Erkenntnissen aller Wissenschaftler, dann wird sein Ziel leicht bestimmt durch Willkürakte politischer Mächte. Wer den Staat als Hort bürgerlicher Freiheit versteht, muß ihn zuvor begreifen als die Institution, die den Forschern auf allen Gebieten entsprechend ihren Möglichkeiten den Freiraum für die Gewinnung neuer Erkenntnisse verschafft.

Hier ist ein Wort des Dankes an unsere Landesregierung vonnöten. Unsere Akademie ist sich dessen bewußt, daß Landtag und Landesregierung von Nordrhein-Westfalen in anerkennenswerter Großzügigkeit der Akademie Mitarbeiter zur Verfügung stellen und ihr Mittel gewähren, daß es uns leicht wird, die uns gestellten Aufgaben zu erfüllen. Wir hoffen, daß dieses gute Einvernehmen weiter gedeiht und gute Früchte trägt.

Aus der Geschichte der Nachrichtentechnik*

Von *Volker Aschoff,* Aachen

Vorbemerkung

Der ehrenvolle Auftrag, im Rahmen dieser Jahresfeier einen Vortrag zu halten, stellt den Redner vor die große Schwierigkeit, sein Thema und seinen Stoff so zu wählen, daß er auf das Interesse der Mitglieder beider Klassen unserer Akademie hoffen darf. Wenn ein Ingenieur in diesem Sinne über einige exemplarische Kapitel aus der Geschichte seiner engeren Disziplin berichten und diese Kapitel zugleich in einen etwas weiteren historischen Rahmen einordnen möchte, dann wird sich nicht vermeiden lassen, daß einige Stellen für den Kreis der eigenen Fachkollegen schon lange Bekanntes wiederholen und daß andere Stellen bei den Fachvertretern der historischen Disziplinen Skepsis oder sogar Widerspruch herausfordern werden. Sollte dies eintreten, wird schon vorab um wohlwollende Nachsicht gebeten.

I.

In den folgenden Ausführungen wird zuerst kurz auf die Bedeutung der Sprache und auf die physikalischen Grenzen einer direkten sprachlichen Kommunikation eingegangen; dann soll aufgezeigt werden, daß die Überwindung dieser Grenzen ein technisches Problem (im allgemeinen Sinn des Wortes) ist; am Beispiel der Schrift, der Telegraphie und der Telephonie soll dann etwas näher darauf eingegangen werden, welche Methoden angewandt wurden, um diese technischen Aufgaben zu lösen; und schließlich soll versucht werden, die Entwicklung der Nachrichtentechnik in einen etwas allgemeineren Rahmen einzuordnen.

II.

Versteht man unter Sprache ein akustisches Kommunikationsmittel, das nicht nur eingleisig bestimmte Verhaltensweisen bei anderen auslöst, sondern zur gegenseitigen Verständigung zwischen Gesprächspartnern dienen soll, dann besteht wohl kein Zweifel, daß die Fähigkeit zu sprechen zu den erstaunlichsten und folgenreichsten Fähigkeiten des Menschen gehört. Die

---

* Graphiken: *Heinz Dieter Biller;* Photos: *Heinz Just.*

Sprache ermöglicht ihm, Erfahrungen auszutauschen und weiterzugeben, gemeinsame Ziele in Angriff zu nehmen, gesellschaftliche Ordnungen über den Rahmen der Familie hinaus zu entwickeln und in ihnen zu leben. Die geistige Entwicklung des Menschen wäre nicht denkbar, wenn er nicht gelernt hätte, auch abstrakten Gedanken durch die Sprache Ausdruck zu verleihen. Erst mit der Entwicklung der Sprache wurde aus den Primaten der homo sapiens.

Die Werkzeuge der sprachlichen Nachrichtenübertragung, die Stimmorgane und das Gehör, sind dem Menschen eingeboren. Das verbindende Hilfsmittel dieser Nachrichtenübertragung liegt außerhalb des Menschen, es sind die in der Luft fortschreitenden Schallwellen als Träger der Sprachlaute. Die physikalischen Eigenschaften der Schallwellen begrenzen die Möglichkeiten einer direkten sprachlichen Kommunikation; denn Schallwellen haben keinen zeitlichen Bestand, und sie breiten sich nicht über beliebig weite Räume aus.

Schon früh begann daher der Mensch, nach Mitteln und Wegen zu suchen, um diese der direkten sprachlichen Kommunikation gesetzten Grenzen zu überwinden. Den Nachrichteninhalt der Sprache zeitlich beständig und über weite Entfernungen transportierbar zu machen, wurde zu einer technischen Aufgabe, deren schrittweise Lösung auf das engste mit der kulturellen, zivilisatorischen und politischen Entwicklung der Menschheit verbunden ist.

Wir sprechen in der heutigen Fachterminologie davon, daß eine Nachricht aus einer Quelle kommt und für eine Sinke bestimmt ist (oder von ihr gesucht wird). Ein System, das es erlaubt, zwischen Aussenden und Empfangen

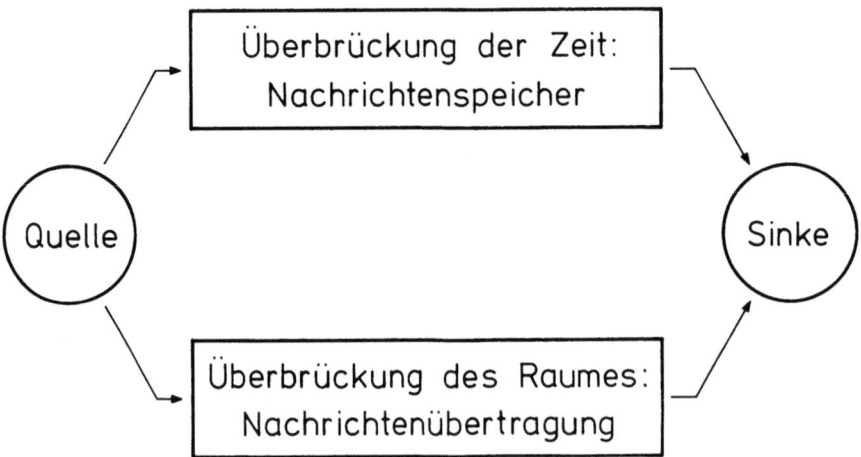

Abb. 1: Zur Terminologie der Nachrichtentechnik I

der Nachricht einen mehr oder weniger langen Zeitraum einzuschalten, nennen wir einen *Nachrichtenspeicher;* ein System, das einen mehr oder weniger großen Zwischenraum zwischen Quelle und Sinke überbrückt, eine *Nachrichtenübertragung.*

Die Möglichkeit der Nachrichtenspeicherung wurde von Menschen sehr früh erkannt. Wir wissen zwar nicht, was unsere Vorfahren vor etwa vierzigtausend Jahren veranlaßt haben mag, Tierbilder auf Höhlenwände zu malen, oder vor rund zehntausend Jahren einen Kampf zwischen Bogenschützen bildlich festzuhalten. Mögen kultische oder magische Vorstellungen, die Freude an der künstlerischen Nachbildung des Beobachteten oder erste Versuche eines – wie wir heute sagen würden – audiovisuellen Sprachlabors zur Weiterentwicklung der Sprache Anlaß zu diesen ältesten von Menschen geschaffenen Bildern gewesen sein, sicher kann man annehmen, daß schon der Mensch der Eiszeit auf diese Weise erkennen lernte, daß solche Bilder über Generationen hinweg sichtbar blieben.

Von dieser Beobachtung bis zur Erkenntnis, daß das Bild – in unserer heutigen Sprache – als Nachrichtenspeicher benutzbar sei, war wohl ein vergleichsweise nur kleiner Schritt notwendig. Und jetzt setzte eine Entwicklung ein, die sich zwar noch nicht technischer Hilfsmittel im heutigen Sinn des Wortes bediente, bei der sich aber im Verlauf vieler Jahrtausende letzt-

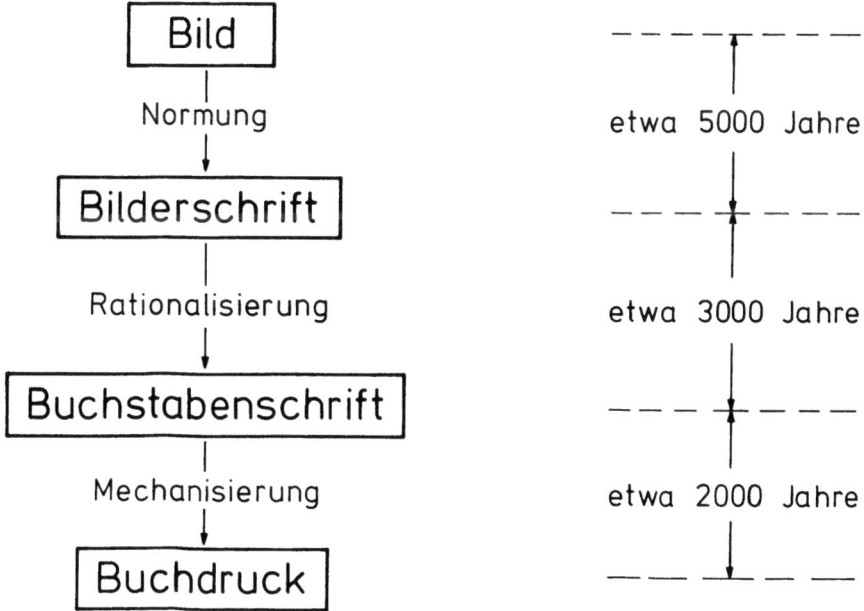

Abb. 2: Entwicklung der Schrift

lich diejenigen Methoden durchsetzten, die wir auch heute bei modernen technischen Entwicklungen immer wieder anwenden (Abb. 2).

Aus der beliebigen Mannigfaltigkeit eines Bildes wurde durch *Normung* diskreter Bildelemente die Bilderschrift. Die fortschreitende Vereinfachung der Herstellungsverfahren von der Steinmetzarbeit über das Eindrücken in Ton oder Wachs bis zum Schreiben auf Pergament oder Papier einerseits und eine – im Zuge einer Phonetisierung der ursprünglichen Ideogramme mögliche – fortschreitende Quantisierung vom Wort über die Silbe zum Einzellaut führte zu einer außerordentlichen *Rationalisierung* des Nachrichtenspeichers Schrift: Das Buchstabenalphabet erlaubte jetzt, aus nur zwei Dutzend leicht schreibbarer Elemente jedes beliebige Wort, jeden beliebigen Satz, jeden beliebigen Text zusammenzusetzen.

Der letzte Schritt dieser Entwicklung führte schließlich durch die *Mechanisierung* in Form des Buchdrucks mit beweglichen Lettern zu der zusätzlichen Möglichkeit, eine Nachricht nicht nur auf relativ einfache Weise zu speichern, sondern sie auch mit einem vergleichsweise geringen Aufwand zu vervielfältigen.

III.

Für die Technik der Nachrichtenübertragung wurden zwei Schritte der Schriftenentwicklung von entscheidender Bedeutung: die Einführung des Buchstabenalphabetes im klassischen Altertum und – wie für so viele anderen Disziplinen auch – die Möglichkeit der Wissensverbreitung durch den Buchdruck zu Beginn der Neuzeit. Die Bedeutung des Alphabets für die Aufgabe, nicht nur die Zeit, sondern auch den Raum zu überbrücken, liegt in folgendem (Abb. 3): In seiner einfachsten Form besteht ein Nachrichtenübertragungssystem aus einem Sendegerät, einem Übertragungskanal und einem Empfangsgerät. Es erhält die zu übertragende Nachricht aus einer Quelle und gibt sie an eine Sinke weiter.

Als es im klassischen Altertum gelungen war, die Aufgabe der Nachrichtenspeicherung mit Hilfe des Alphabetes besonders rationell zu gestalten,

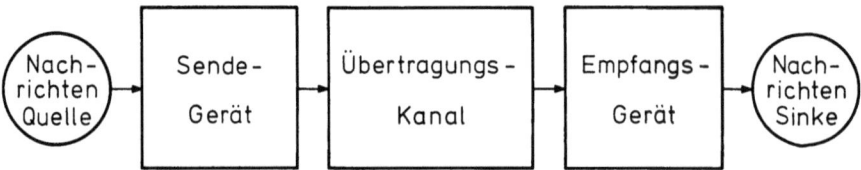

Abb. 3: Zur Terminologie der Nachrichtentechnik II

ergab sich für die Nachrichtenübertragung die Möglichkeit, ein und dieselbe Nachricht aus zwei verschiedenen Arten von Nachrichtenquellen zu beziehen: den *polyangelmatischen Quellen*, die direkt über eine beliebige Mannigfaltigkeit von Nachrichten verfügen – typische Beispiele sind die Sprache oder etwa das bewegte Bild der Fernsehübertragung –, oder aus *oligosemantischen Quellen*, die die auszusendende Nachricht aus einem begrenzten Vorrat diskreter Elemente zusammensetzen – also beispielsweise aus den Buchstaben eines Alphabetes oder den Ziffern eines Zahlensystems. Schon die alten Griechen erkannten, daß diese zweite Art von Nachrichtenquellen auch gute Möglichkeiten für eine Nachrichtenübertragung eröffnete. Dabei sind zwei Verfahren denkbar: das *Selektionsverfahren*, bei dem das Empfangsgerät über den vollständigen Vorrat aller Nachrichtenelemente verfügt und das jeweils zu übertragende Element im Empfangsgerät ausgewählt und angezeigt wird, und das *Codeverfahren*, bei dem die Nachrichtenelemente durch vereinbarte Kombinationen von einfach zu übertragenden Signalelementen dargestellt werden.

Beide Verfahren waren schon im klassischen Altertum bekannt. Das Selektionsverfahren wurde bei den hydraulischen Synchrontelegraphen angewendet (Abb. 4). Am Sende- und am Empfangsort befanden sich gleichgeformte, mit Wasser gefüllte Gefäße. An auf der Wasseroberfläche schwimmenden Korkscheiben waren senkrechte in mehrere Felder eingeteilte Stäbe befestigt.

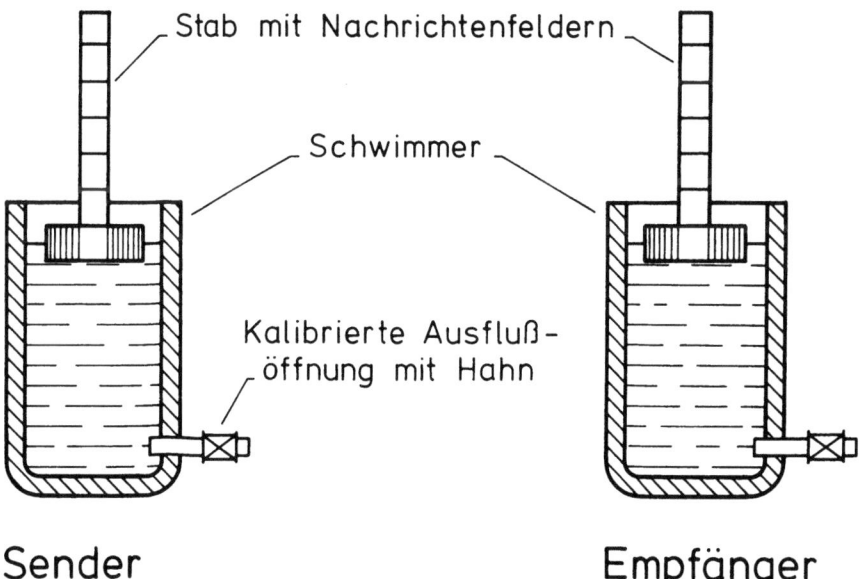

Abb. 4: Hydraulischer Synchron-Telegraph. Griechenland um 360 v. Chr.

Jedem Feld war eine bestimmte Nachricht zugeordnet. Auf ein am Sendeort ausgelöstes Rauch- oder Fackelsignal hin wurde gleichzeitig bei beiden Geräten ein kalibrierter Ausfluß geöffnet. War beim Sendegerät der Wasserspiegel so weit abgesunken, daß das Feld der zu übertragenden Nachricht den Gefäßrand erreicht hatte, wurden die Ausflußöffnungen auf ein zweites Signal hin geschlossen, und die zu übertragende Nachricht konnte am Empfangsgerät abgelesen werden.

Beim Code-Verfahren wurden die Buchstaben des griechischen Alphabetes in ein in fünf Zeilen und Spalten unterteiltes Quadrat eingeordnet (Abb. 5). Durch Fackelzeichen etwa rechts und links von einer Brustwehr konnten die

		Fackelzeichen rechts (r)					
		1	2	3	4	5	
Fackel- zeichen links (l)	1	α	β	γ	δ	ε	α → 1xr, 1xl
	2	ζ	η	ϑ	ι	κ	δ → 4xr, 1xl
	3	λ	μ	ν	ξ	ο	η → 2xr, 2xl
	4	π	ρ	σ	τ	υ	
	5	φ	χ	ψ	ω		ω → 4xr, 5xl

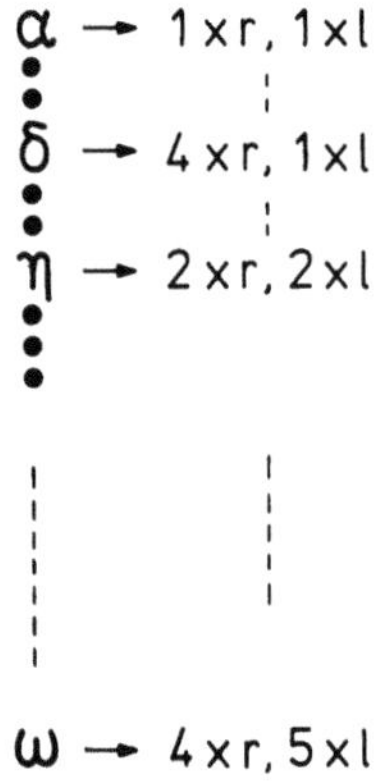

Abb. 5: Buchstabentafel zur griechischen Fackeltelegraphie (etwa ab 450 v. Chr.)

Nummern der Zeilen und Spalten übertragen werden, die dem jeweiligen Buchstaben zugeordnet waren, also beispielsweise für α einmal rechts (erste Spalte) und einmal links (erste Zeile).

Die möglichen Grundprinzipien einer optischen Telegraphie waren also seit mehr als zweitausend Jahren bekannt. Trotzdem sollte es noch lange dauern, bis sich die Nachrichtentechnik im modernen Sinn des Wortes entwickelte. Bevor darauf näher eingegangen wird, müssen wir aber noch einmal zur Entwicklung der Schrift zurückkehren.

IV.

Der letzte Entwicklungsschritt des Nachrichtenspeichers „Schrift" geschah in der Mitte des 15. Jahrhunderts. Durch die jetzt gegebene Möglichkeit der Vervielfältigung gewann diese technische Entwicklung eine außerordentliche Bedeutung für die weitere geistige und zivilisatorische Entwicklung der Menschheit. Dies sei an drei Beispielen angedeutet.

Bis zur Einführung des Buchdrucks war die Kunst des Lesens und Schreibens nur wenigen vorbehalten. Etwa 90 % der Bevölkerung waren Analphabeten und somit auf eine sprachliche oder allenfalls bildliche Kommunikation beschränkt. In einem – wie wir heute sagen würden – typischen Rückkopplungsprozeß änderte sich diese Situation grundlegend. Mit der Einführung des Buchdrucks wuchs die Zahl derer, die von diesem neuen Informationsmittel Gebrauch machen wollten. Mit der wachsenden Zahl derer, die lesen und schreiben konnten, wuchs die Zahl der Manuskripte, die den Buchdruckern angeboten wurden, und die Zahl der potentiellen Käufer künftiger Publikationen. Soweit Zahlen bekannt sind oder einigermaßen zuverlässig geschätzt werden können, wuchs so die Zahl der jährlich erscheinenden Buchtitel exponentiell an, während gleichzeitig der Anteil der Analphabeten an der Gesamtbevölkerung ständig abnahm (Abb. 6).

Dieser Prozeß verlief nicht in allen Teilen der Bevölkerung gleichzeitig

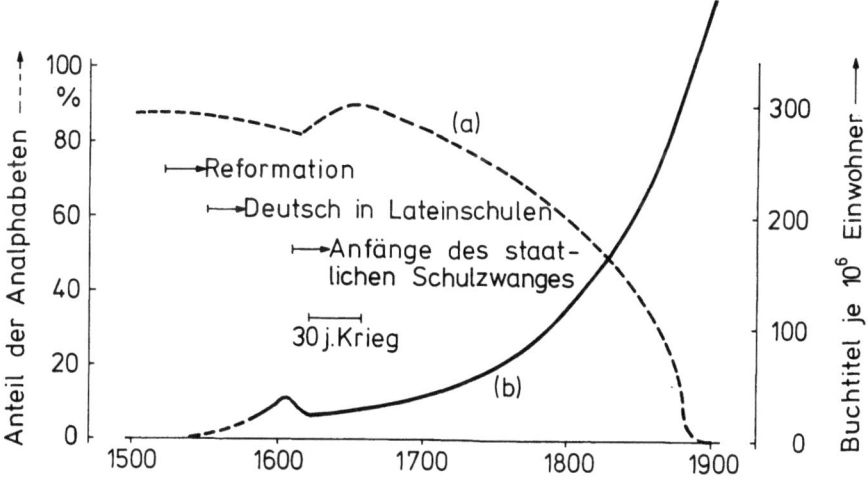

a) Analphabeten in Prozent der Bevölkerung
b) Jährliche Buchproduktion in Titeln je Million Einwohner

Abb. 6: Analphabetentum und Buchproduktion in Deutschland (nach Lüke)

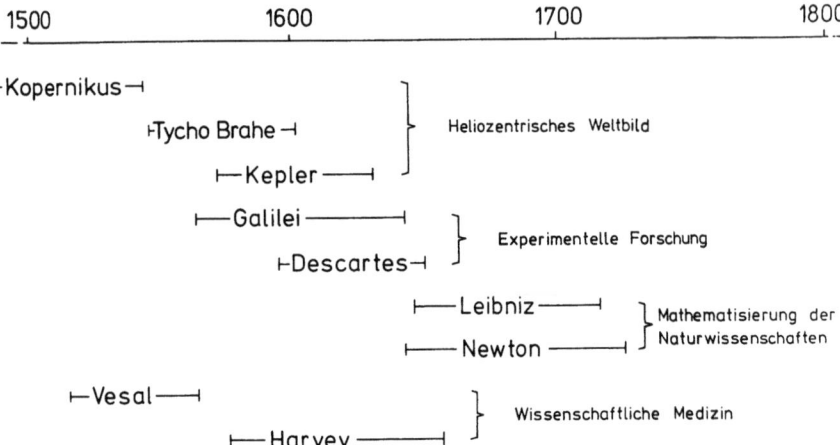

Abb. 7: Aus der Geschichte der Naturwissenschaften und Medizin

und gleichmäßig. Sehr früh setzte er im Bereich der Naturwissenschaften ein, die – angeregt durch die Notwendigkeit einer Reform des Julianischen Kalenders – in der beobachtenden Astronomie zum erstenmal im abendländischen Raum eine eigenständige Forschungsaktivität entwickelte (Abb. 7).

So führten Kopernikus, Tycho Brahe und Kepler durch die Erneuerung des heliozentrischen Weltbildes zu einer Relativierung des vordergründig Wahrgenommenen, förderten Galilei und Descartes das messende Experiment, der eine als Quelle neuer Erkenntnisse, der andere zur Bestätigung gedanklicher Hypothesen, und vollzogen Leibniz und Newton eine möglichst vollkommene mathematische Beschreibung des Beobachteten.

Parallel dazu regten die Anatomie des Vesal und die Entdeckung des Blutkreislaufes durch Harvey die Ärzte an, die Medizin nicht nur als Kunst, sondern auch mit wissenschaftlicher Gründlichkeit zu betreiben *.

Der Buchdruck ermöglichte es, diese neuen wissenschaftlichen Methoden und Erkenntnisse einem schnell wachsenden Kreis von Fachkollegen zur Kenntnis zu bringen und so in immer weiteren Kreisen fruchtbar werden zu

---

* An dieser Stelle sei mir eine kurze Bemerkung zu einem Teil der folgenden Bilder erlaubt. Immer dort, wo ein zeitlicher Ablauf erläutert werden soll, ist entweder oben oder unten im Bild eine Zeitskala angegeben, die – mit Ausnahme der letzten beiden Bilder – jeweils 3 Jahrhunderte umfaßt, von 1500 bis 1800, von 1600 bis 1900 oder von 1800 bis 2000. Der Zeitmaßstab auf den folgenden Bildern bleibt also gleich. Wenn Namen angegeben sind, dann deuten die kurzen senkrechten Striche am Anfang und Ende der horizontalen Linie auf das Geburts- und Sterbejahr hin, so daß die Generationenfolge und die Einordnung in das übrige Zeitgeschehen einfach zu überschauen sind.

lassen. So führten die Fortschritte der Medizin seit der Mitte des 17. Jahrhunderts zu einer Verlängerung der mittleren Lebenserwartung. Das löste ein zuerst exponentiell und später sogar schneller als exponentiell verlaufendes Wachstum der Bevölkerung aus. Die Fortschritte der exakten Naturwissenschaften bereiteten zugleich den Übergang von der handwerklichen Empirie zur ingenieurwissenschaftlichen Entwicklung vor, die seit dem Übergang vom 18. zum 19. Jahrhundert notwendig wurde, um den wachsenden Bedarf und die immer differenzierteren Bedürfnisse der sich zahlenmäßig schnell vermehrenden Bevölkerung decken zu können (Abb. 8).

In Abb. 8 sind neben der Kurve der Bevölkerungsentwicklung in Europa einige Beispiele solcher technischer Entwicklungen eingetragen. Sie sind nur exemplarisch zu verstehen, und diese sehr vereinfachte Darstellung läßt nicht erkennen, wie vielfältig die wechselseitigen Beziehungen zwischen notwendigem Bedarf und neu geweckten Bedürfnissen auf der einen Seite und den naturwissenschaftlichen Voraussetzungen und technischen Möglichkeiten zu ihrer Befriedigung auf der anderen Seite sind.

Am Beispiel der Telegraphie und der Telephonie soll hierauf im folgenden noch etwas näher eingegangen werden.

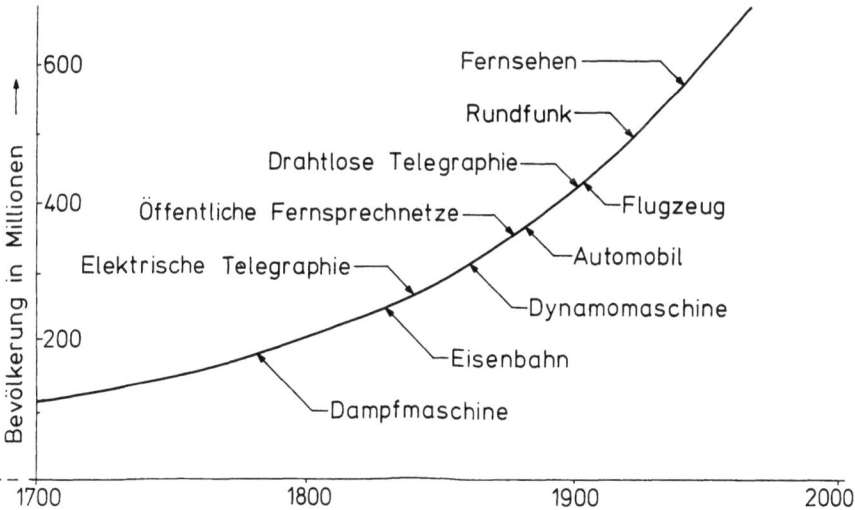

Abb. 8: Zunahme der Bevölkerung in Europa und Beispiele für die technische Entwicklung im 19. Jahrhundert

V.

Schon zu einem recht frühen Zeitpunkt der eben geschilderten naturwissenschaftlichen Entwicklung wurden zwei wichtige Hilfsmittel der experimentellen Forschung entwickelt: das Mikroskop und das Fernrohr. Beide Erfindungen werden auf die Zeit um 1600 datiert. Die Ersten, die daraufhin vorschlugen, das Fernrohr auch für die praktische Anwendung in der optischen Telegraphie einzusetzen, waren die Engländer Hooke und der Franzose Amonton. Aus Gründen, auf die ich später zurückkommen werde, wurden diese Vorschläge aber nicht aufgegriffen, ebensowenig wie etwa hundert Jahre später die Versuche des Deutschen Bergsträsser, des Iren Edgeworth und eine ganze Reihe anderer Vorschläge, auf die hier nicht näher eingegangen werden soll (Abb. 9).

Erst während der französischen Revolution entstand in Frankreich das Bedürfnis einer schnellen Kommunikation zwischen Paris und den wichtigsten Provinzstädten. So beschloß die Nationalversammlung im Jahre 1792, optische Telegraphenlinien nach den Vorschlägen von Claude Chappe und dessen Brüdern aufbauen zu lassen.

In wenigen Jahren wurde Paris mit allen wichtigen Provinzstädten und den Landesgrenzen durch optische Telegraphenlinien verbunden. In Abständen von 10 bis 20 km wurden Masten errichtet. An ihrer Spitze war ein Balken drehbar gelagert, an dessen Enden zwei weitere drehbare Flügel angebracht waren. Um die jeweiligen Stellungen sicher erkennen zu können, durften nur horizontale, vertikale oder um 45° gegenüber dem Horizont geneigte Stellungen benutzt werden. Von den unter diesen Bedingungen theoretisch

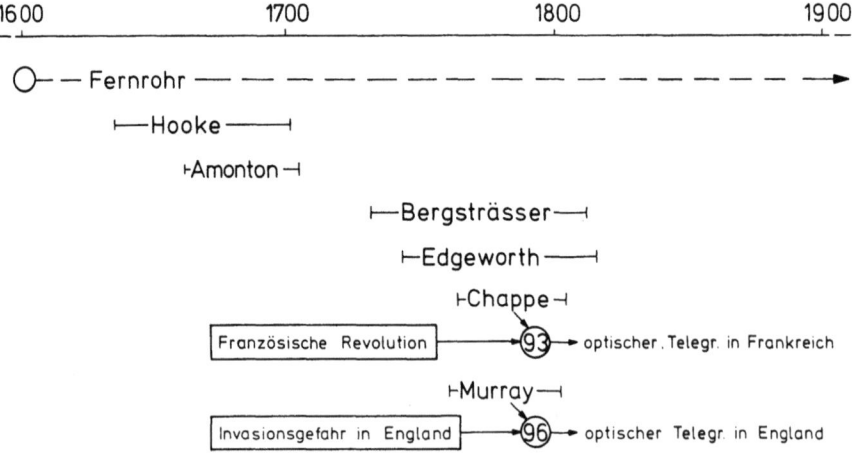

Abb. 9: Aus der Geschichte der optischen Telegraphie

Aus der Geschichte der Nachrichtentechnik 23

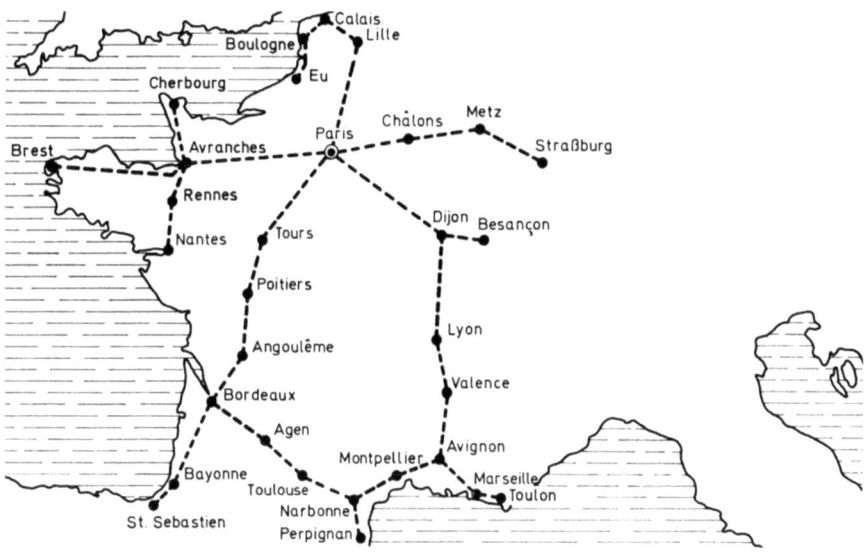

Abb. 10: Optische Telegraphie in Frankreich 1793 bis 1852

möglichen 196 Kombinationen wurden praktisch nur diejenigen ausgenutzt, die zugleich relativ einfach einzustellen waren. Die wichtigsten darunter bildeten einen Zifferncode, die übertragenen Zahlen wiesen auf die Seiten, Spalten und Zeilen eines telegraphischen Wörterbuches hin. Beispiele solcher Stellungskombinationen sind rechts im Bild angedeutet. Das Chappsche System bewährte sich so gut, daß diese Telegraphenlinien über 50 Jahre in Betrieb blieben.

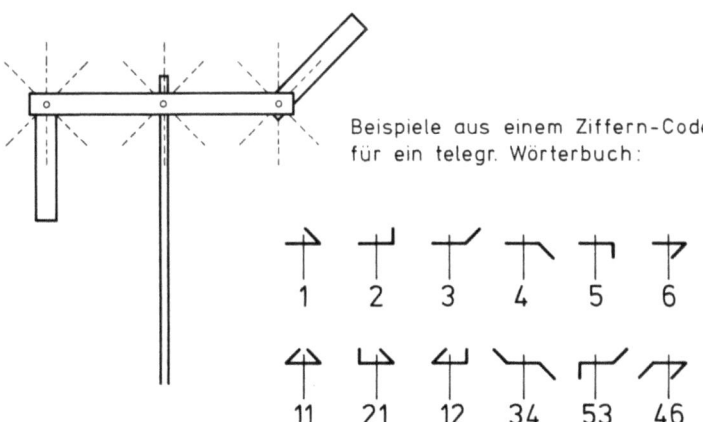

Abb. 11: Optischer Telegraph von Chappe

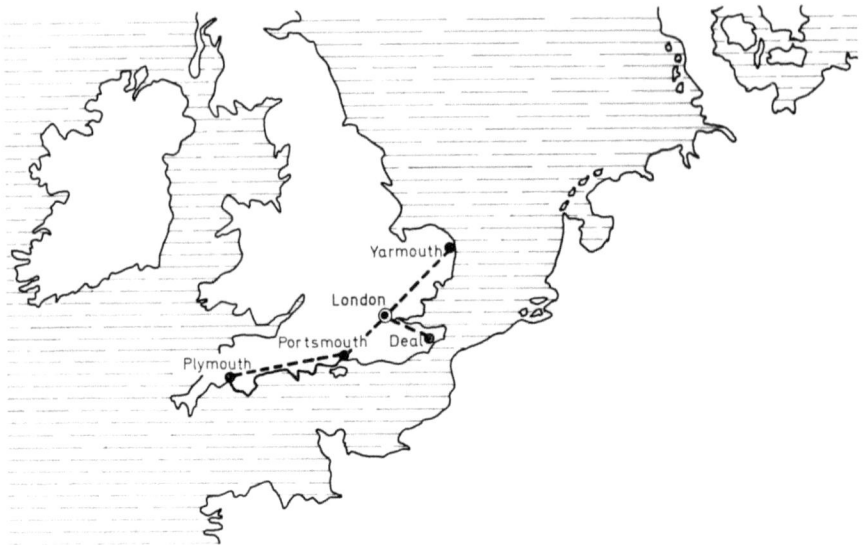

Abb. 12:   Optische Telegraphie in England 1795 bis 1814

Eine andere Situation ergab sich wenig später in England. Die Sorge vor einer französischen Invasion ließ dort den Wunsch aufkommen, die Admiralität in London durch optische Telegraphen mit den Flottenbasen und der Frankreich gegenüberliegenden Küste zu verbinden (Abb. 12).

So entstand 1896 ein Telegraphennetz, das ausschließlich militärischen Aufgaben dienen sollte. Ausgeführt wurde es nach Vorschlägen von George

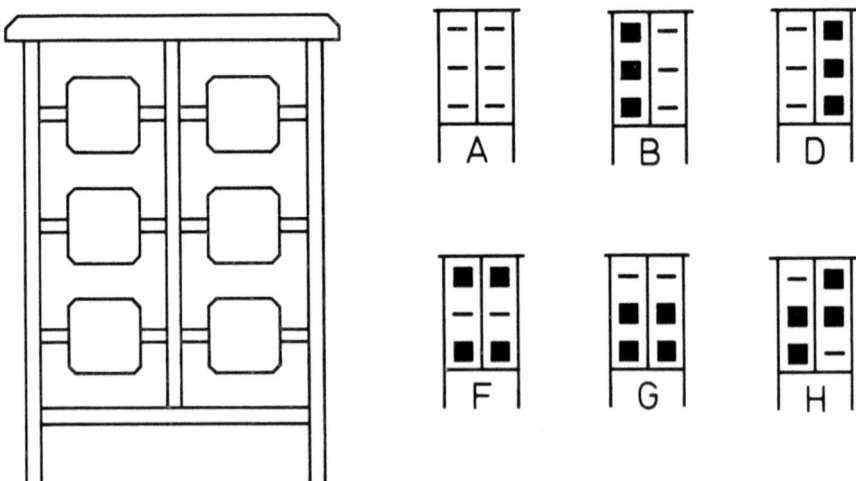

Abb. 13:   Optischer Telegraph von Murray

Murray: In einem Balkengestell waren 6 fensterladenähnliche Klappen angebracht. Im Gegensatz zu den französischen Telegraphen wurden hier die verschiedenen möglichen Stellungskombinationen von offenen und geschlossenen Öffnungen des Balkenrahmens für einen Buchstabencode verwendet, die Meldungen also Buchstabe für Buchstabe übertragen (Abb. 13).

Diese Telegraphenlinien arbeiteten bis 1814. Nach dem ersten Pariser Friedensschluß war man in England vom Ausbruch des endgültigen Weltfriedens so überzeugt, daß man die Besatzungen der einzelnen Telegraphenstationen abzog und die Stationen verfallen ließ. Während der 100 Tage konnten daher die Linien nicht wieder in Betrieb genommen werden.

Später entstanden in England andere, nicht mehr ausschließlich militärisch genutzte optische Telegraphensysteme. Eines davon wurde 1832 in modifizierter Form in Preußen eingeführt, um die Westprovinzen nachrichtentechnisch enger an Berlin anzuknüpfen (Abb. 14). Das System verwendete drei Paare von Semaphoren übereinander, verwendet wurde wie bei Chappe ein Zifferncode in Verbindung mit einem Wörterbuch (Abb. 15).

Zum Abschluß dieses Kapitels über die optische Telegraphie drei Bilder von Modellen dieser Telegraphen, die eine Vorstellung davon vermitteln sollen, wie etwa diese Geräte damals aussahen und von jedermann beobachtet werden konnten.

Abb. 16 zeigt den Telegraphen von Chappe, Abb. 17 den Telegraphen von Murray, und Abb. 18 den Telegraphen, der in Preußen benutzt wurde und von dem ein Original heute noch in Flittard bei Köln besichtigt werden kann.

VI.

Wenn sich auch die optischen Telegraphen im großen und ganzen gut bewährten, so unterlag ihr Betrieb doch naturgegebenen Grenzen; sie konnten nur bei Tage und nur bei klarer Sicht benutzt werden. Selbst unter den relativ günstigen klimatischen Bedingungen in Fankreich betrug im Jahresmittel die Betriebszeit nur etwa 6 Stunden je Tag. Wenn wir uns nun weiteren Möglichkeiten der technischen Nachrichtenübertragung zuwenden, müssen wir jeweils zuvor betrachten, wann welche naturwissenschaftlichen Voraussetzungen für eine neue technische Lösung gegeben waren.

Im Jahre 1600 faßte der englische Arzt Gilbert den damaligen Stand des Wissens über das elektrische Phänomen in seinem Buch „Vis electrica" zusammen (Abb. 19). Ein Lebensalter später entwickelte Guericke die erste Elektrisiermaschine, und wieder eine Generation später unterschied Gray zum erstenmal zwischen Leiter und Nichtleiter. Die weiteren Entdeckungen

Abb. 14: Optische Telegraphie in Preußen 1832 bis 1849

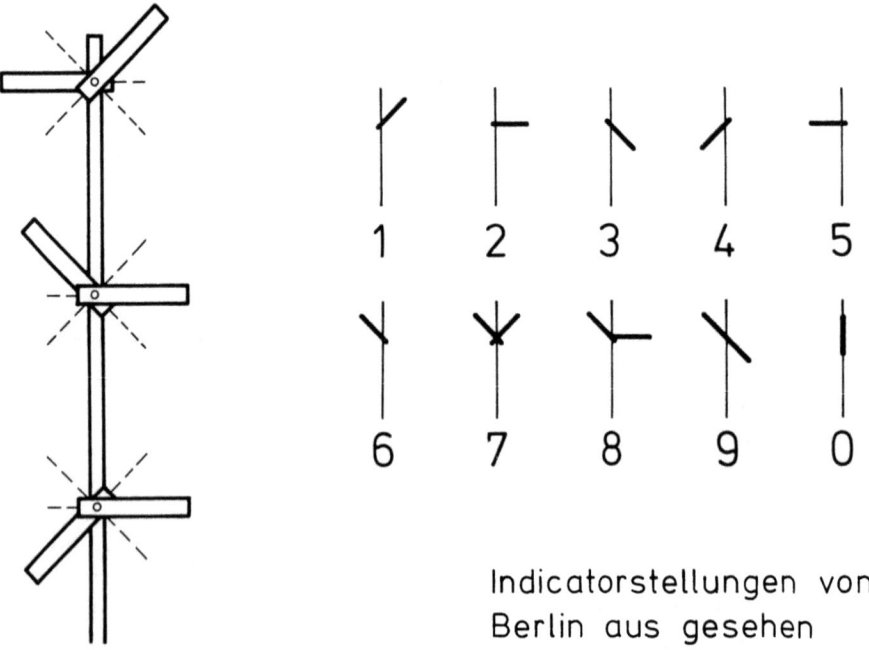

Abb. 15: Optischer Telegraph in Preußen

Indicatorstellungen von Berlin aus gesehen

Abb. 16: Modell des Telegraphen von Chappe

Abb. 17: Modell des Telegraphen von Murray

Abb. 18: Modell des preußischen Telegraphen

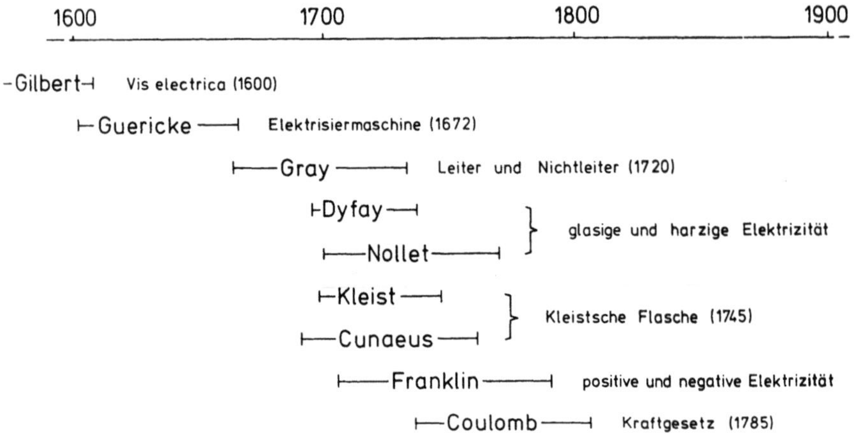

```
1600            1700            1800            1900
```

-Gilbert-   Vis electrica (1600)
  ⊢Guericke——⊣   Elektrisiermaschine (1672)
    ⊢———Gray———⊣   Leiter und Nichtleiter (1720)
      ⊢Dyfay⊣   ⎫
        ⊢——Nollet——⊣ ⎬ glasige und harzige Elektrizität
      ⊢Kleist⊣   ⎫
        ⊢—Cunaeus—⊣   ⎬ Kleistsche Flasche (1745)
          ⊢———Franklin———⊣   positive und negative Elektrizität
            ⊢—Coulomb—⊣   Kraftgesetz (1785)

Abb. 19: Aus der Geschichte der Elektrostatik

folgten relativ schnell. Dyfay und Nollet wiesen auf den Unterschied zwischen glasiger und harziger Elektrizität hin, Kleist und Cunäus fanden unabhängig voneinander in der Form der Kleistschen oder Leidener Flasche den ersten Kondensator zur Speicherung elektrischer Ladungen, Franklin führte den Unterschied zwischen glasiger und harziger Elektrizität auf einen Überschuß oder einen Mangel an Elektrizität zurück, und Coulomb veröffentlichte 1785 sein grundlegendes Gesetz über die Kraftwirkung elektrischer Ladungen aufeinander.

Wann in dieser fast zweihundertjährigen Entwicklung der Elektrostatik kam nun zum erstenmal der Gedanke auf, diese Kentnisse für die Nachrichtenübertragung zu nutzen (Abb. 20)?

Nach allem, was wir wissen, wurde der erste Vorschlag kurz nach der Erfindung der Kleistschen Flasche von einem Anonymus C. M. in Scots Magazine in London veröffentlicht (Abb. 21).

Zwischen Sende- und Empfangsort sollen 25 Drähte verlegt werden. Sie enden am Empfangsort in Kugeln, unter denen kleine Papierstücke mit den Buchstaben des Alphabetes liegen. Lädt man mit Hilfe einer Kleistschen Flasche einen der Drähte auf, so zieht er das unter seinem Ende liegende Papierstück an, ein klassisches Beispiel des früher erläuterten Selektionsverfahrens.

Wahrscheinlich ohne Kenntnis dieses Vorschlages wurde in der zweiten Hälfte des 18. Jahrhunderts an vielen Stellen Europas über das Problem eines elektrostatischen Telegraphen nachgedacht. Einige überlieferte Namen sind in Abb. 20 zusammengestellt. Die Liste zeigt, welch weite Kreise sich in der zweiten Hälfte des 18. Jahrhunderts für das elektrische Phänomen

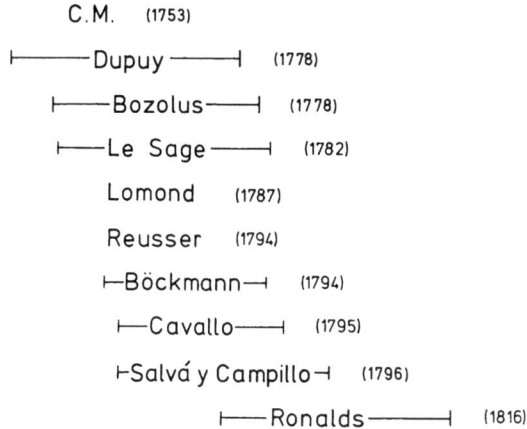

Abb. 20: Vorschläge und Versuche zur Einführung elektrostatischer Telegraphen

interessierten. Dupuy war Bibliothekar in Paris. Bozolus, der einige Jahre Physikunterricht am Jesuitenseminar in Rom gab, war von Hause aus Altphilologe und wurde durch seine Übersetzungen der Ilias und der Odyssee bekannt. Le Sage war Privatgelehrter in Genf, Lommond Mechaniker in Paris, Boeckmann Kirchenrat und Mathematiklehrer am Gymnasium in Karlsruhe, Cavallo ursprünglich Kaufmann und später als Privatgelehrter Mitglied der Royal Society in London, Salvá y Campillo Arzt in Spanien

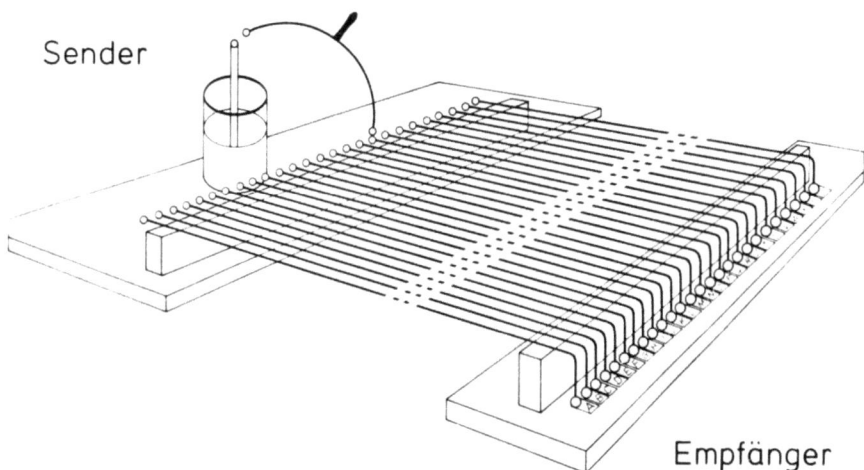

Abb. 21: Vorschlag für einen elektrostatischen Telegraphen von C. M. in Scots Magazine 1753

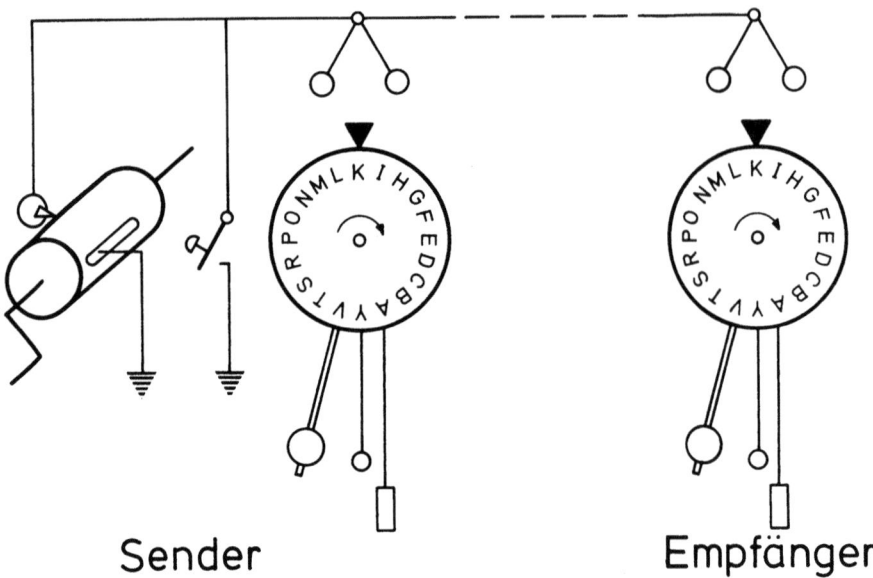

Abb. 22: Elektrostatischer Telegraph von Ronalds 1816

und Ronalds Direktor des meteorologischen Observatoriums in Kew bei London.

Wirklich ausgeführt wurde ein Telegraph in Spanien nach den Vorschlägen von Salvá y Campillo, der das gleiche Verfahren wie C. M. anwendete, allerdings mit einer großen Elektrisiermaschine an Stelle der Kleistschen Flasche.

Einen originellen Beitrag lieferte 20 Jahre später der Engländer Ronalds (Abb. 22), der zum erstenmal die Selektion nicht über eine Vielzahl von Drähten, sondern mit Hilfe nur eines Drahtes und eines Zeitgebers durchführte. Zwei am Sende- und Empfangsort durch Uhrwerke angetriebene synchron umlaufende Wellen drehten Zeichenscheiben, auf deren Umfang die Buchstaben des Alphabetes aufgezeichnet waren. Die Leitung wurde geladen, der geladene Zustand durch Elektroskope angezeigt. In dem Augenblick, in dem am Sendeort der zu übertragende Buchstabe an einer Markierung angekommen war, wurde die Leitung entladen, die Elektroskope fielen zusammen, und der Empfänger konnte in diesem Zeitpunkt seinerseits den bestimmten Buchstaben ablesen.

Keiner der elektrostatischen Telegraphen hat praktisch Bedeutung erlangt. Das Selektionsverfahren Ronalds mit Hilfe synchron umlaufender Zeichenscheiben und einer Auswahl durch elektrisch übertragene Zeitmarken fand aber später bei den elektromagnetischen Typendrucktelegraphen weltweite Anwendung.

Bevor wir zu den elektromagnetischen Telegraphen kommen, müssen wir noch kurz auf eine dazwischenliegende Entwicklung eingehen. 1789 beobachtete Galvani zum erstenmal die physiologische Wirkung elektrischer Erscheinungen. Volta führte sie auf chemische Prozesse zurück und entwickelte in der nach ihm benannten Säule die erste Quelle für kontinuierlich fließende elektrische Ströme. Nicholson, Carlisle und Davy fanden, daß diese kontinuierlich fließenden Ströme ihrerseits in der Lage waren, chemische Zersetzungen zu bewirken.

Mit all diesen neuen Erkenntnissen beschäftigte sich in München der aus Thorn stammende Anatom und Physiologe Samuel Thomas von Sömmerring. Sömmerring war Mitglied der Bayerischen Akademie der Wissenschaften. Am 5. Juli 1809 gab der Bayerische Staatsminister von Montgelas den Mitgliedern der Akademie die Anregung, sich mit der Telegraphie zu beschäftigen. Der Anlaß hierfür ist überliefert. Als 1809 Österreich den Krieg gegen Frankreich erklärte, um die habsburgischen Gebiete in Süddeutschland zurückzuerobern, hatte die österreichische Generalität die inzwischen erfolgte technische Entwicklung unterschätzt. Man hatte nicht einkalkuliert, daß Napoleon mit Hilfe der optischen Telegraphenlinien zwischen Straßburg und Paris nicht nur das Überschreiten der bayerischen Grenze früher als vermutet erfahren würde, sondern auf dem gleichen Wege auch die ersten Gegenmaßnahmen sehr viel schneller als erwartet in die Wege leiten konnte. Der Telegraph erwies erstmals eklatant seine militärische Bedeutung, und dies erkannte auch Montgelas.

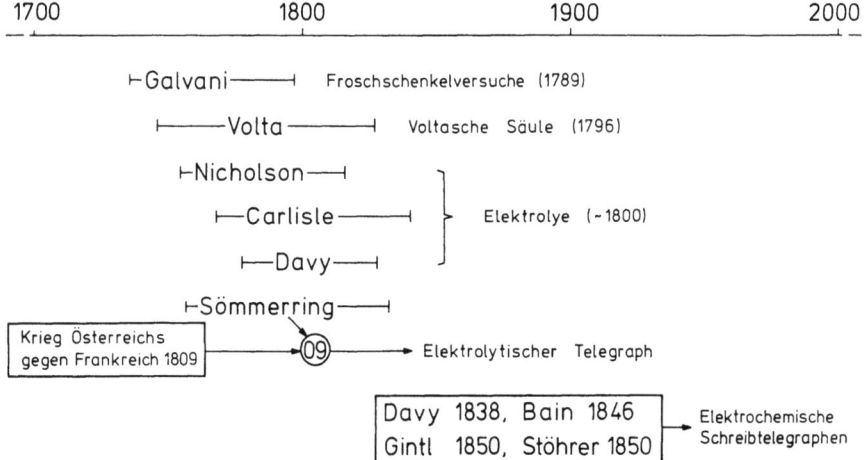

Abb. 23: Aus der Geschichte des Galvanismus und der elektrochemischen Telegraphen

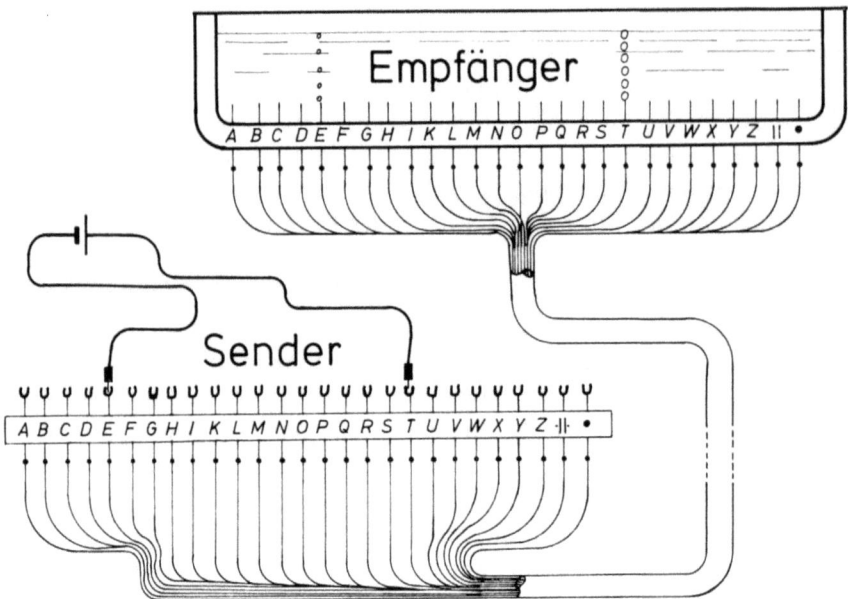

Abb. 24: Elektrolytischer Telegraph von Sömmerring 1809

Sicherlich dachte er bei seiner Empfehlung an die Akademie nur an optische Telegraphen. Aber Sömmerring setzte sich zum Ziel, die Aufgabe ähnlich zu lösen wie seines Erachtens die Nachrichtenübertragung in der menschlichen Nervenleitung vor sich ging.

In kurzer Zeit baute er einen Telegraphen, der, ähnlich wie bei den meisten Vorschlägen für die elektrostatischen Telegraphen, für jeden Buchstaben eine eigene Leitung benötigte. Die Anzeige erfolgte durch die Gasbildung bei der Zersetzung angesäuerten Wassers in einem elektrolytischen Trog (Abbildung 24).

Eine Nachbildung der im Deutschen Museum aufbewahrten Originalgeräte zeigt Abb. 25 *. Obwohl Sömmerrings Anordnung durchaus zufriedenstellend arbeitete, fand sein Telegraph in der damaligen Zeit noch keine praktische Anwendung.

Später wurden elektrochemische Prozesse noch einmal bei der Entwicklung einiger Schreibtelegraphen angewandt, ohne daß sich allerdings diese Verfahren auf die Dauer durchsetzen konnten.

---

* Die in diesem und einigen folgenden Bildern gezeigten Geräte sind Modelle, die nach Originalen oder auf Grund von Rekonstruktionen in der Werkstatt des Instituts für Elektrische Nachrichtentechnik der Technischen Hochschule Aachen gebaut wurden.

Seit der Beobachtung von Galvani bis zur ersten praktischen Anwendung des galvanischen Stromes zur Nachrichtenübertragung durch Sömmerring waren immerhin noch 20 Jahre vergangen. Wesentlich schneller sollte es bei dem letzten Kapitel aus der Geschichte der Entwicklung elektrischer Telegraphen gehen (Abb. 26):

1820 veröffentlichte Oersted seine Beobachtung einer magnetischen Wirkung des elektrischen Stromes. Noch im gleichen Jahr konnte Ampere eine quantitative Beschreibung der Oerstedschen Beobachtung geben, im Jahre darauf fanden unabhängig voneinander Schweigger und Poggendorff, daß sich die magnetische Wirkung vervielfachen ließ, wenn man den stromführenden Draht in mehreren Windungen zu einer Spule zusammenfaßte. Sturgeon erfand 1825 den Elektromagneten, Nobili ein Jahr später das astatische Nadelpaar, Ohm veröffentlichte 1827 das später nach ihm benannte Gesetz, das den Zusammenhang zwischen Strom, Spannung und Widerstand beschreibt, und wiederum unabhängig voneinander fanden 1831 Faraday und Henry, daß ein sich zeitlich änderndes Magnetfeld eine elektrische Spannung zu induzieren vermag.

Nur zwölf Jahre nach der ersten Entdeckung von Oersted (Abb. 27) führte der Deutschbalte und russische Staatsangehörige Schilling von Can-

Abb. 25: Modell des elektrolytischen Telegraphen von Sömmerring

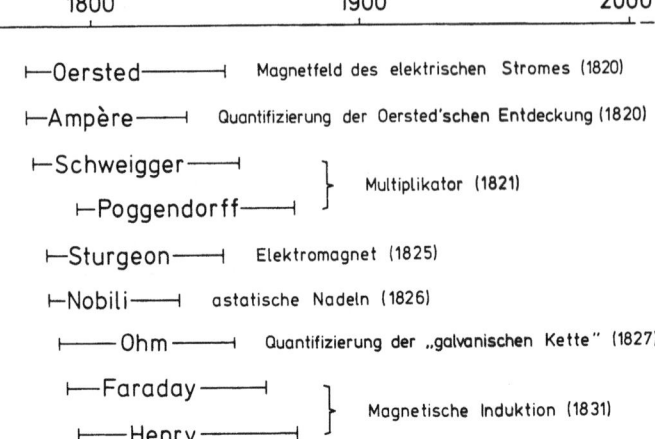

Abb. 26: Aus der Geschichte des Elektromagnetismus

stadt in Berlin im Beisein von Alexander von Humboldt eine erste Anwendung der neu entdeckten Zusammenhänge zur Nachrichtenübertragung vor. Seit er als junger Dolmetscher an der russischen Botschaft in München Sömmerring und dessen Telegraphen kennengelernt hatte, scheint ihn dieses Problem immer wieder beschäftigt zu haben. Im Elektromagnetismus sah er eine neue erfolgreiche Möglichkeit.

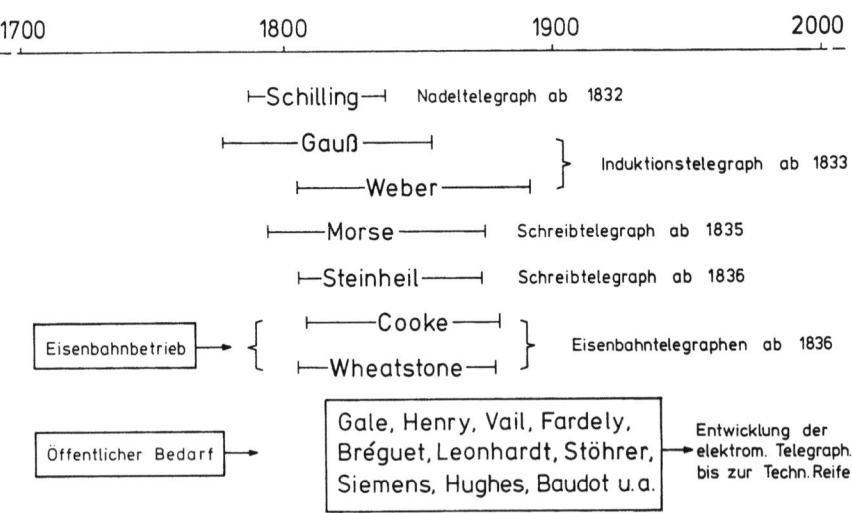

Abb. 27: Geschichte der elektromagnetischen Telegraphen

Im darauffolgenden Jahr benutzten Gauß und Weber eine Versuchsanlage, mit der sie die Gültigkeit des Ohmschen Gesetzes nachprüfen wollten, um telegraphische Nachrichten zwischen dem physikalischen Kabinett und der Sternwarte in Göttingen zu übertragen. Auf ihre Anregung hin entwickelte Steinheil in München das von Gauß und Weber benutzte Verfahren zu einem Schreibtelegraphen weiter.

Ohne Kenntnis von diesen Arbeiten beschäftigte sich in Amerika der Historienmaler Morse mit dem Problem, den optischen Telegraphen, den er anläßlich einer Studienreise durch Europa in Frankreich kennengelernt hatte, durch einen elektromagnetischen Telegraphen zu ersetzen.

1836 sah der Engländer Cooke in einer Vorlesung des Heidelberger Physikers Muncke eine Nachbildung des Telegraphen von Schilling. Er erkannte dessen große Bedeutung für den aufkommenden Eisenbahnbetrieb und entwickelte gemeinsam mit Wheatstone in kurzer Zeit eine Reihe von Telegraphen, die schnell bei den Eisenbahnen Eingang fanden.

Die politische Lage in Europa ließ gegen Ende der vierziger Jahre das Interesse der Staaten an einem schnellen Nachrichtentransport immer mehr anwachsen. So wollte Preußen unbedingt vor der Eröffnung der Nationalversammlung in Frankfurt eine Tag und Nacht betriebsbereite Telegraphenverbindung zwischen Berlin und Frankfurt einrichten lassen.

Dieses öffentliche Interesse veranlaßte viele Ingenieure und Naturwissenschaftler, sich mit der Weiterentwicklung der bis dahin bekanntgewordenen Verfahren zu beschäftigen. Nach wesentlichen Verbesserungen durch Gale, Henry und Vail setzte sich schließlich das nach Morse benannte Verfahren durch. Es wurde später ergänzt durch die Typendrucktelegraphen von Hughes, Baudot und Siemens.

Für den Nachrichteningenieur lassen sich in der hier in knappster Form vorgetragenen Entwicklung eine Fülle interessanter und auch heute noch aktueller Details finden. Es muß darauf verzichtet werden, sie in diesem Kreis vorzutragen; wenige Bilder mögen aber in aller Kürze die Vielfalt der Formen und Lösungen aus der Frühzeit der elektrischen Telegraphie andeuten:

Abb. 28 zeigt den Munckschen Nachbau des Telegraphen von Schilling von Canstadt. Er bestand aus drei nebeneinander angeordneten Galvanoskopen, die über individuelle Leitungen und Kommutatoren aus einer Voltaschen Säule gespeist werden konnten. Je nach der Stromrichtung in der Multiplikatorspule schlugen die astatischen Nadelpaare nach rechts oder links aus und zeigten auf kleinen Kartonscheiben Buchstaben, Ziffern oder einfache vereinbarte Symbole.

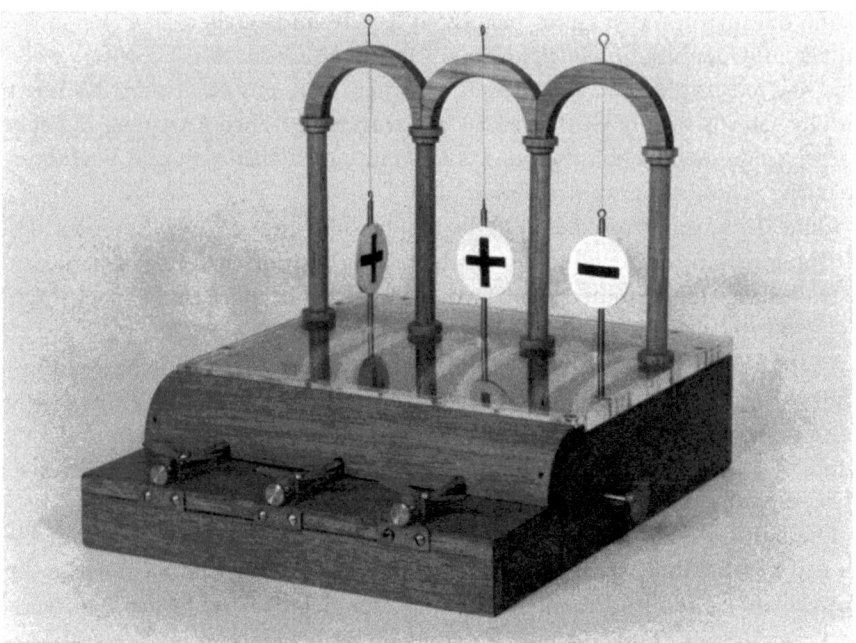

Abb. 28: Munckes Kopie des Nadeltelegraphen von Schilling von Canstadt

Abb. 29: Induktions-Telegraph von Gauß und Weber

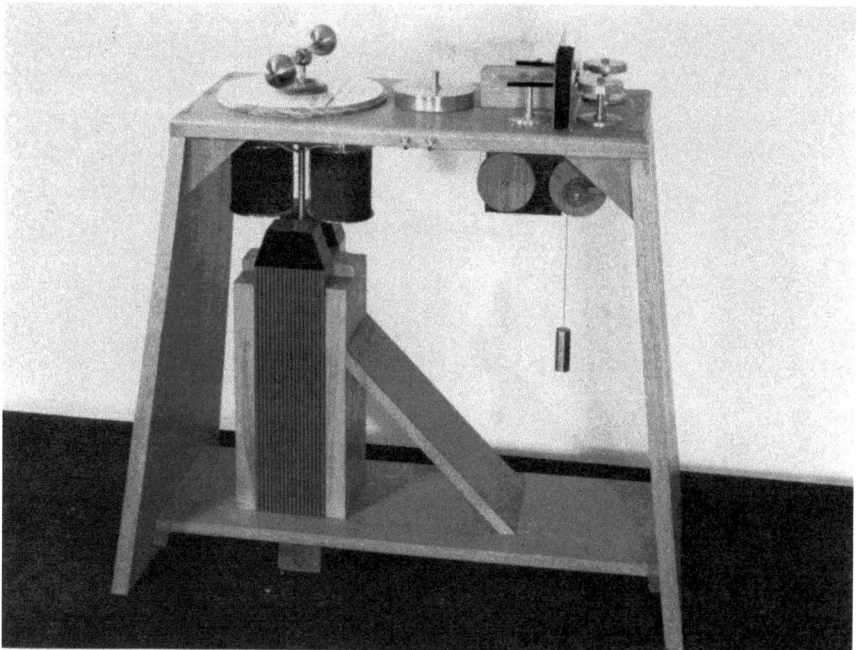

Abb. 30: Schreib-Telegraph von Steinheil

Gauß und Weber benutzten als Sender – rechts in Abb. 29 – eine Induktionsspule, die relativ zu einem senkrecht stehenden Dauermagnet bewegt werden konnte. Das Empfangsgerät war ein Magnetometer, dessen positive oder negative Ausschläge mittels Fernrohr und Spiegel abgelesen wurden. Der Telegraph arbeitete nach dem Code-Verfahren, die Buchstaben wurden durch vereinbarte Kombinationen von rechten und linken Anschlägen dargestellt.

Das gleiche Grundprinzip liegt dem Telegraphen von Steinheil zugrunde (Abb. 30). Die Ausschläge des hier doppelt vorhandenen Magnetometers wurden über zwei Glocken hörbar gemacht und zugleich auf einem kontinuierlich ablaufenden Papierstreifen aufgezeichnet.

Cooke und Wheatstone glaubten nicht, daß sich ein Code-Verfahren für den praktischen Einsatz von Telegraphen im Eisenbahnbetrieb eignen würde. Sie bevorzugten daher das Selektionsverfahren, beispielsweise in Form des Fünfnadeltelegraphen, bei dem die Auslenkung von je zwei der insgesamt 5 astatischen Nadeln in einem rhombusförmigen Koordinatensystem auf den zu übertragenden Buchstaben hinweist (Abb. 31).

Später ging Wheatstone dazu über, die Auswahl durch schrittweises Fortschalten eines Zeigers auf einer Zeichenscheibe durchzuführen (Abb. 32). Der

Abb. 31: Fünfnadeltelegraph von Cooke und Wheatstone

Abb. 32: Zeigertelegraph von Wheatstone für die Eisenbahnlinie Aachen-Ronheide

hier gezeigte Telegraph wurde 1843 auf einer kurzen Teilstrecke der neuen Eisenbahnverbindung von Aachen nach Antwerpen eingesetzt, und zwar auf der steilen Rampe zwischen Aachen und Ronheide, die damals noch nicht von Lokomotiven befahren werden konnte, sondern mit Seilzügen überwunden werden mußte. Dieser Telegraph war der erste, der auf dem Kontinent für praktische Betriebszwecke eingesetzt wurde, und er ist historisch interessant, weil er schon eine Fehlererkennung benutzt: Ein Befehl durfte nur ausgeführt werden, wenn er aus zwei Buchstaben gebildet wurde und der Zeiger anschließend wieder auf das Kreuz zurückgestellt worden war.

Der erste Telegraph von Morse (Abb. 33) bestand aus einem an der oberen Querleiste einer Malerstaffelei drehbar befestigten Schreibarm, der durch einen an der Mittelleiste befestigten Elektromagneten aus der Ruhelage ausgelenkt werden konnte und dabei eine Zickzackschrift auf einem durch ein Uhrwerk bewegten Papierstreifen hinterließ. Im Verlauf der weiteren Entwicklung entstand aus dieser Zackenschrift ein Code, der aus Kombinationen von kurzen und langen Zeichen (Punkten und Strichen) gebildet wurde.

Zwei Gründe waren es, die schließlich zur weltweiten Einführung elektromagnetischer Telegraphen führten: die Notwendigkeit einer schnellen Befehlsübermittlung im Eisenbahnbetrieb und der Wunsch des Staates nach schnelleren Informationen bei besonderen politischen Situationen.

Abb. 33: Erstes Modell des Schreibtelegraphen von Morse

Zeit-raum	Reise-Geschwindigkeit	Nachrichten-Übertragung
Altertum und Mittelalter:	etwa 5 km/h	Boten - Stafette
18./19. Jahrhundert	10 ... 20 km/h	Optischer Telegraph
19./20. Jahrhundert	50 ... 100 km/h	Elektr. Nachrichtentechnik

Abb. 34: Entwicklung der Reisegeschwindigkeit und der Nachrichtenübertragungstechnik

Stellen wir die Frage, ob hier eine allgemeinere Gesetzmäßigkeit vorliegen könnte, so drängt sich einem folgender Zusammenhang auf (Abb. 34): Im Altertum und auch noch im Mittelalter betrug die mittlere Reisegeschwindigkeit etwa 5 km/h mit Tagesleistungen von etwa 50 km. In dieser ganzen Zeit genügte es der Obrigkeit, wenn sie durch Boten-Stafetten ihre Nachrichten etwa 5mal schneller mit Tagesleistungen bis zu 250 km übermitteln konnte.

Als im 18. Jahrhundert zuerst in Frankreich die Kunst des Straßenbaues weiterentwickelt und die Organisation der Post-Relais-Stationen verbessert wurde, erhöhte sich die durchschnittliche Reisegeschwindigkeit auf 10 bis 20 km/h. Jetzt war die Boten-Stafette nicht mehr um den Faktor 5 schneller, und der optische Telegraph trat an ihre Stelle.

Seit der Mitte des 19. Jahrhunderts erhöhte sich die Reisegeschwindigkeit durch die Einführung der Eisenbahnen erneut ganz erheblich, und nur der elektrische Telegraph konnte eine demgegenüber erheblich größere Schnelligkeit der Nachrichtenübermittlung sicherstellen.

Ähnlich wie das als Erblehen an die Familie Thurn und Taxis vergebene weiträumige kaiserliche Postregal zu Beginn des 16. Jahrhunderts und die territorialen landesfürstlichen Postregale vor allem im norddeutschen Raum in der Mitte des 17. Jahrhunderts ursprünglich nur die schnelle Übermittlung von Staatsdepeschen sicherstellen sollten, erfolgte anfangs sowohl die Einführung der optischen als auch später der elektromagnetischen Telegraphen zuerst als staatliche Einrichtungen, die – wie wir heute sagen würden – nur für den Dienstgebrauch bestimmt waren. Ebenso wie bei der Post öffnete sich dann aber auch die Telegraphenlinie nach einiger Zeit für eine private Benutzung, von der in schnell steigendem Umfang Gebrauch gemacht wurde.

Havas	Paris	1832
Assoc. Press	New York	1848
Wolff	Berlin	1849
Reuter	London	1851

Abb. 35: Gründung von Nachrichtenagenturen im 19. Jahrhundert

Die Einführung eines schnellen Nachrichtentransportes mit Hilfe der Telegraphie führte schließlich zu einer weiteren Erkenntnis, daß nämlich die Nachricht auch eine Ware sei, die zu sammeln, zu ordnen und zu verkaufen ein lohnendes Geschäft wurde (Abb. 35).

So entstanden Telegraphenbüros oder – wie wir heute zu sagen pflegen – Nachrichtenagenturen: 1832 in Paris, 1848 in New York, 1849 in Berlin und 1851 in London.

Der erste große Schritt auf dem Wege zur Entwicklung, Einführung und Nutzung einer modernen Nachrichtentechnik war damit in der Mitte des letzten Jahrhunderts erfolgreich zurückgelegt worden.

VII.

Wenn wir uns jetzt noch kurz der Entwicklung der Telephonie zuwenden, so müssen wir hier mit der Geschichte der Phonetik beginnen. Zu den frühen Arbeiten auf diesem Gebiet gehören die Untersuchungen von Franciscus Mercurius van Helmont über die Physiologie der Sprache. Er kam dabei auf den Gedanken, daß die hebräischen Schriftzeichen ein phonetisches Alphabet im eigentlichen Sinn des Wortes seien, daß sie nämlich die Mundstellung beim Sprechen nachbildeten. Der Mitbegründer und erste Sekretär der Royal Society in London, John Wilkins, konnte diese Ansicht widerlegen, griff aber die Anregung auf und entwickelte ein in diesem Sinn echtes phonetisches Alphabet. Hundert Jahre später baute Wolfgang Ritter von Kempelen in Wien eine Sprechmaschine, mit der er die wichtigsten Sprachlaute nachbilden konnte (Abb. 37).

Ohne Kenntnis dieser Arbeiten beteiligte sich Christian Gottlieb Kratzenstein aus Wernigerode an einem 1779 von der Petersburger Akademie der Wissenschaften ausgeschriebenen Preisausschreiben zur Erklärung und künst-

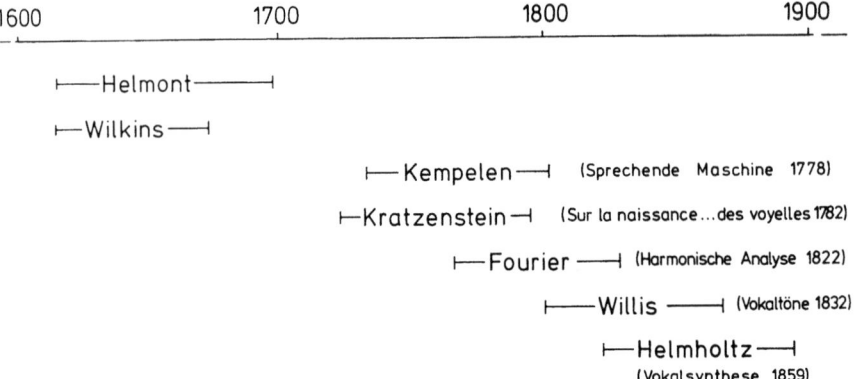

Abb. 36: Aus der Geschichte der Phonetik

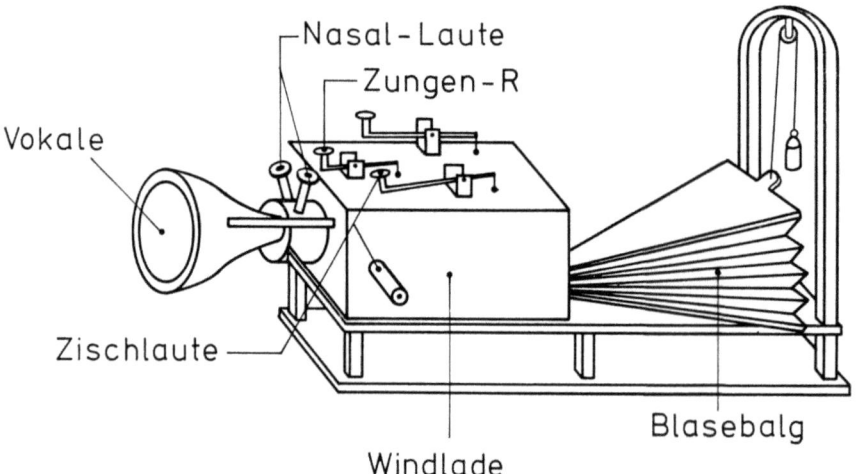

Abb. 37: Die Sprechmaschine des Wolfgang von Kempelen

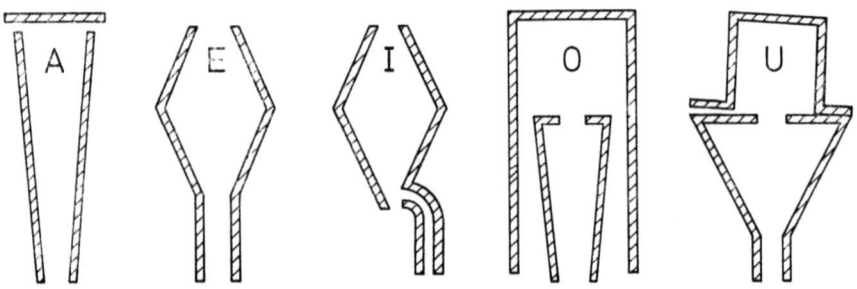

Abb. 38: Kratzensteins Resonatoren zur künstlichen Vokalerzeugung

lichen Erzeugung der Vokale (Abb. 38). Eine wichtige theoretische Voraussetzung für die weitere Klärung der Natur der Sprachlaute wurde die 1822 von Fourier gefundene Methode der harmonischen Analyse periodischer Schwingungen. 1832 veröffentlichte der Engländer Willis die erste umfassende Resonanz-Theorie der Vokaltöne, 1859 gelang Helmholtz die Synthese der Vokale aus ihren Teiltönen.

Zusammen mit den Ergebnissen der Elektrizitätslehre und den praktischen Erfahrungen der elektrischen Telegraphie waren damit die Voraussetzungen geschaffen, erstmals auch die Übertragung von Signalen in Angriff zu nehmen, die aus einer polyangelmatischen Quelle stammen (Abb. 39).

Der erste, der diese Aufgabenstellung richtig formulierte, war der Franzose Charles Bourseul. Zu experimentellen Ergebnissen ist er allerdings nicht gekommen. Dies blieb Philipp Reis vorbehalten, der als Lehrer am Garnier-

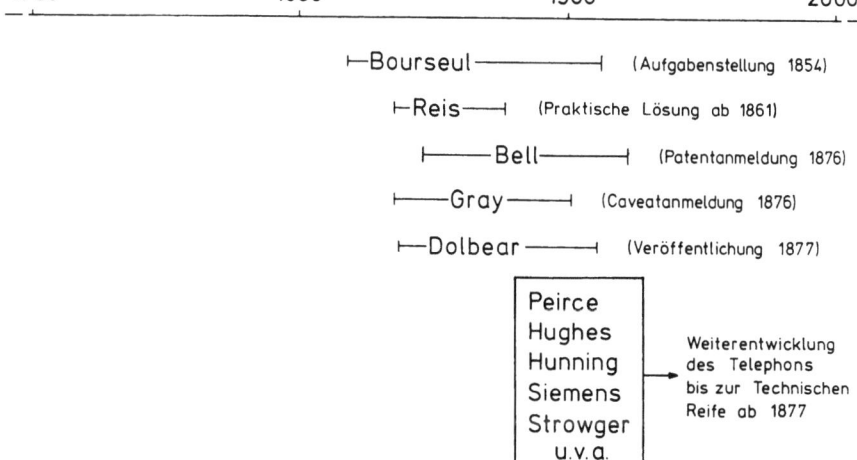

Abb. 39: Zur Geschichte der elektrischen Telephonie

schen Institut in Friedrichsdorf im Taunus um das Jahr 1860 begann, einen Apparat zu bauen, der die Funktion des Gehörwerkzeuges anschaulich machen sollte (Abb. 40).

Bald gelang es ihm, mit einer aus einer Faßdaube geschnitzten Nachbildung eines menschlichen Ohres unter Verwendung eines membrangesteuerten Kontaktes und einer magnetostriktiv angeregten Geige Töne elektrisch zu übertragen.

Nach mehreren Zwischenstufen, deren eine in Abb. 41 als Beispiel gezeigt ist, entstand schließlich eine Ausführungsform, die Reis 1864 vor der Versammlung Deutscher Naturforscher und Ärzte in Gießen mit großem Erfolg

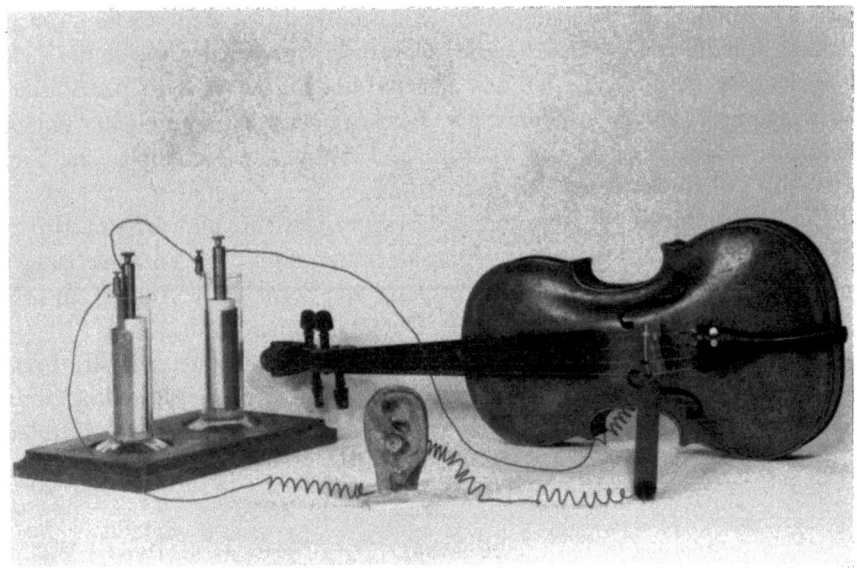

Abb. 40: Die ersten Versuche von Reis um 1860

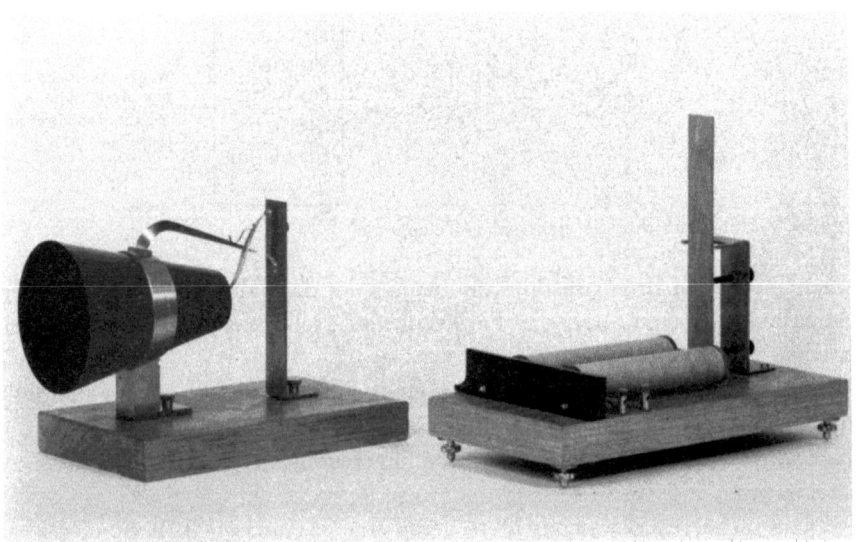

Abb. 41: Weitere Versuche von Reis um 1862

Abb. 42: Das Telephon von Reis in seiner endgültigen Form

vorführen konnte (Abb. 42). Der Mechaniker Albert in Frankfurt hat eine größere Zahl solcher Geräte an physikalische Kabinette in aller Welt geliefert; wo immer sie benutzt wurden, wurden sie aber in erster Linie als ein Demonstrationsversuch zur Wirkungsweise des Gehörs betrachtet. An eine praktische Anwendung dachte damals offenbar noch niemand.

Erst rund 15 Jahre später wurde der Gedanke erneut aufgegriffen und jetzt, wie so manchmal in der Geschichte der technischen Entwicklungen, an mehreren Stellen gleichzeitig und unabhängig voneinander.

Die wichtigsten Beiträge lieferten der in Amerika lebende schottische Taubstummenlehrer Graham Bell, der im Rahmen einer Patentanmeldung für einen Wechselstrom-Mehrfachtelegraphen auch eine Lösung für ein elektromagnetisches Telephon angab (Abb. 43), und der Amerikaner Elisha Gray, der am gleichen Tag wie Bell wenige Stunden später ein Caveat* für ein elektrisches Telephon anmeldete (Abb. 44).

Bell schlug in enger Anlehnung an den von ihm entwickelten Tonfrequenz-Mehrfachtelegraphen als Sender einen Induktionsgeber vor. Die von einer Membran gesteuerte Bewegung eines Ankers führt zu zeitlichen Änderungen des magnetischen Flusses in einem gleichstromerregten ferromagnetischen Kreis. Die dadurch in den Windungen einer Spule induzierten Wechselspannungen führen zu einer den Schallschwingungen analogen Änderung des

---

* Patentvoranmeldung.

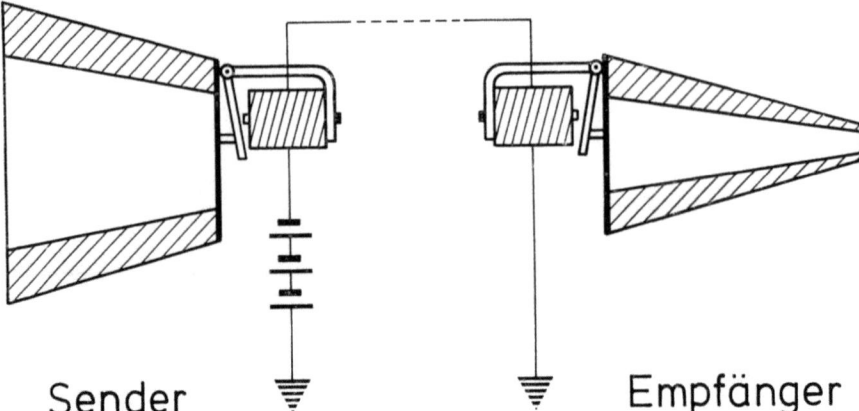

Abb. 43: Aus der Patentanmeldung von Bell am 14. 2. 1876

Stromes und damit in dem Empfänger zu einer entsprechenden Änderung der magnetischen Induktion im Luftspalt eines dem Sendegerät ähnlichen Weicheisenkreises. Der bewegliche Anker dieses Kreises übt dann wechselnde Kräfte auf eine Empfangsmembran aus.

Gray sah – ähnlich wie Reis – auf der Sendeseite einen durch eine Membran gesteuerten veränderlichen Widerstand vor. Statt des metallischen Kontaktes bei Reis schlug Gray aber vor, einen an einer Membran befestigten

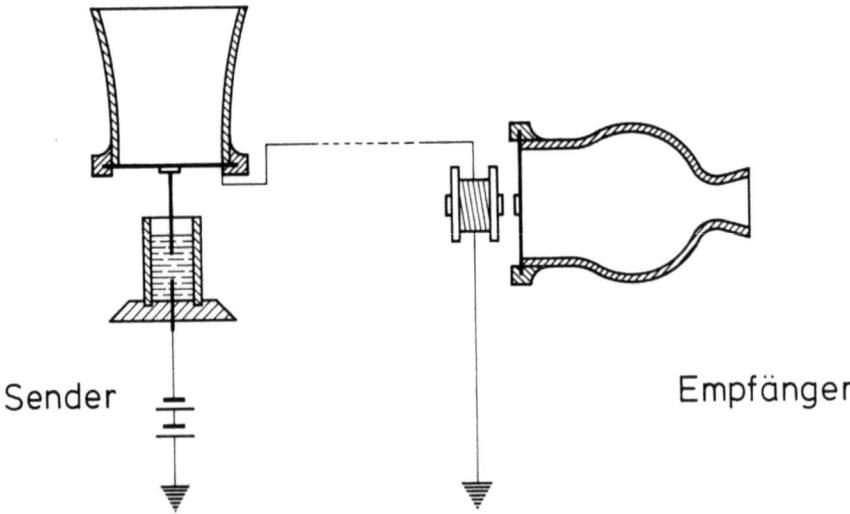

Abb. 44: Aus dem Caveat von Gray (14. 2. 1876)

Metallstab mehr oder weniger tief in eine leitende Flüssigkeit eintauchen zu lassen. Die dadurch bewirkten Änderungen eines aus einer Gleichspannungsquelle kommenden Stromes führen auf der Empfängerseite zu wechselnden Kräften eines Elektromagneten auf eine ferromagnetische Membran.

Wie aus einem ein Jahr später erschienenen Buch hervorging, hatte sich schließlich zur gleichen Zeit auch der Professor für Physik und Astronomie am Tuffts-College in Massachusetts, Amos Emerson Dolbear, sehr gründlich mit den Fragen der elektrischen Sprachübertragung beschäftigt (Abb. 45).

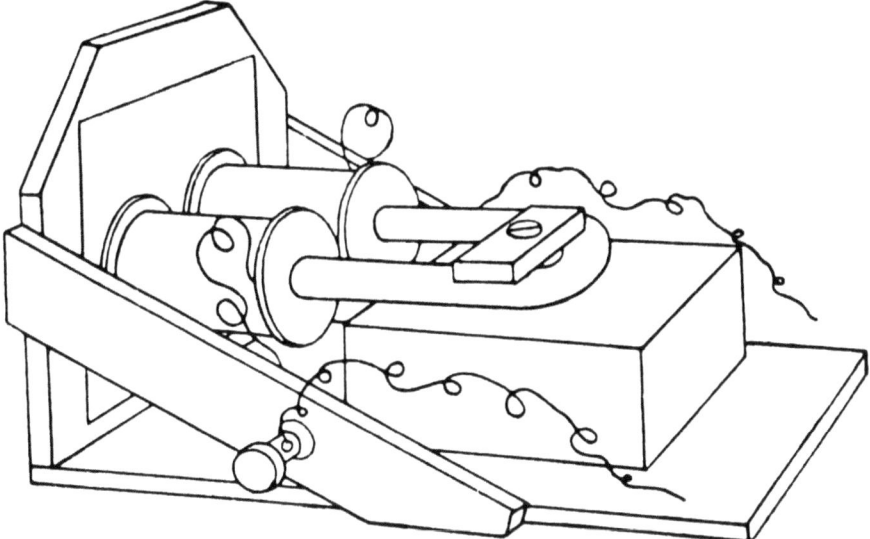

Abb. 45: Fig. 14 aus A. E. Dolbear, The Telephone, Boston 1877

Als Wissenschaftler war er aber nicht auf den Gedanken gekommen, die von ihm entwickelten Geräte zum Patent anzumelden, er zog es vielmehr vor, zu warten, bis er die Ergebnisse seiner Experimente veröffentlichen konnte.

Für Dolbear bedeutete die Beschäftigung mit seinem technisch schon recht ausgereiften „speaking Telephone" vor allem den Versuch, experimentell die Vokaltheorie von Helmholtz zu bestätigen, dessen Buch „Die Lehre von den Tonempfindungen" inzwischen auch in Amerika bekannt geworden war. Bell dagegen glaubte auch an die Möglichkeit einer praktischen Anwendung. Er stellte auf der Weltausstellung in Philadelphia 1876 funktionsfähige Modelle seiner Erfindung vor, die allgemeines Aufsehen erweckten. Ein Jahr später entwickelte sein Freund und Mitarbeiter Peirce das Bellsche Telephon zu der einfachen und handlichen Form weiter, die durch eine Veröffentlichung im Scientific American vom 6. Okt. 1877 weltweit bekannt wurde

Abb. 46: Das Bellsche Telephon in der Form, über die im Scientific American vom 6. Okt. 1877 berichtet wurde

(Abb. 46). Eine große Zahl von Naturforschern und Ingenieuren, unter ihnen vor allem Hughes, Hunning und Siemens, fanden innerhalb kurzer Zeit wesentliche Verbesserungen. Für die Öffentlichkeit aber war diese Erfindung zuerst nichts anderes als ein wenn auch spektakuläres Spielzeug. Als Bell sein grundlegendes Patent der Western Union Telegraph Company für 100 000 Dollar anbot, soll die ablehnende Antwort die Frage enthalten haben: „Was soll unsere Gesellschaft mit solch einem Spielzeug anfangen?" Wenige Jahre später bot dieselbe Gesellschaft 25 Millionen Dollar für das Patent, aber jetzt lehnte Bell ab.

Exemplarisch für die Frage, warum das Telephon dann doch nach wenigen Jahren zu einem immer bedeutenderen Nachrichtenmittel wurde, möge hier kurz auf die Einführung des Telephons in Berlin zu Beginn der 80er Jahre eingegangen werden.

Ende 1877 wurden dort die ersten Telephonapparate im Bereich der Telegraphenverwaltung eingesetzt, um noch nicht an das Telegraphennetz angeschlossenen Postämtern die Annahme von Telegrammen zu ermöglichen. Das Telephon diente also nur zur lokalen Verlängerung der Telegraphenlinien. Aber noch im gleichen Jahr faßte der Generalpostmeister Heinrich von Stephan den Plan, „jedem Berliner Bürger womöglich ein Telephon zu jedem anderen zur Disposition zu stellen". Eine völlig neue technische Aufgabenstellung, denn jetzt sollten nicht wie in der Telegraphie zwei weit voneinander entfernte Orte miteinander verbunden werden, sondern viele über eine mehr oder minder große Fläche verstreute Teilnehmer so in einem Leitungsnetz zusammengefaßt werden, daß nach Wunsch jeder mit jedem individuell verbunden werden konnte.

Sich diese neue Möglichkeit vorstellen zu können, überforderte offenbar zuerst einmal die Phantasie der Berliner Bürger. Stephan mußte sich an die Ältesten der Berliner Kaufmannschaft wenden, um ihm einen Agenten für die Werbung der ersten Abonnenten des geplanten öffentlichen Fernsprechdienstes zu benennen. Vorgeschlagen wurde Emil Rathenau (der spätere Gründer der AEG), der im September 1880 bevollmächtigt wurde, Vorverträge mit potentiellen Teilnehmern zu schließen. Es gelang ihm, innerhalb eines halben Jahres rund 100 Interessenten zu werben. Dann konnte er seinen Auftrag zurückgeben, denn jetzt plötzlich erkannte die Öffentlichkeit die Möglichkeit, die ein solcher – wie wir heute sagen würden – nachrichtentechnischer Individualverkehr eröffnete. Ende 1881 waren knapp 500 Teilnehmer an das Berliner Fernsprechnetz angeschlossen, 8 Jahre später waren es schon 10 000.

Wie die Entwicklung weiter ging, ist Ihnen allen bekannt. In Deutschland – und ähnlich in allen anderen Industrienationen – wachsen seit nunmehr 90 Jahren die Fernsprechnetze exponentiell an, sofern nicht Kriege oder

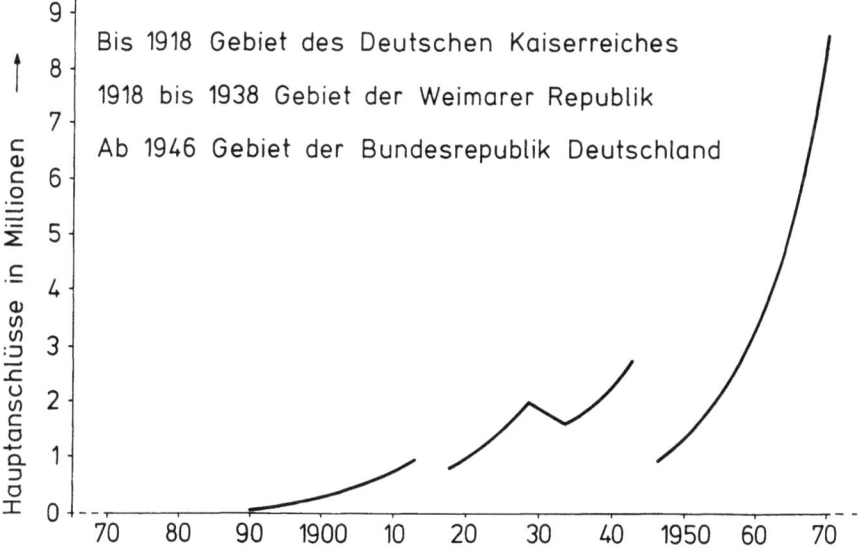

Abb. 47: Zahlenmäßige Entwicklung des öffentlichen Fernsprechnetzes in Deutschland

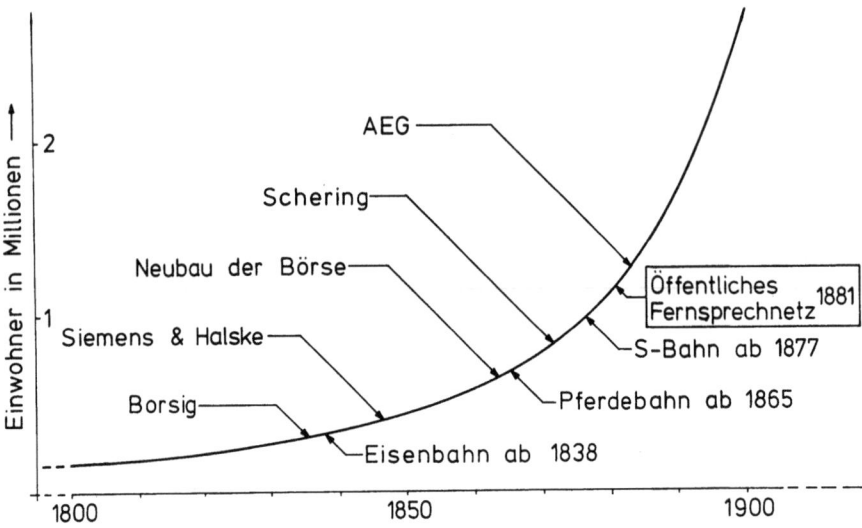

Abb. 48: Aus der Entwicklungsgeschichte Berlins zwischen 1800 und 1900

weltweite Wirtschaftskrisen diese Entwicklung vorübergehend stören (Abbildung 47). (In dieser Abb. — ebenso wie in der nächsten — ist die Zeitskala so gedehnt, daß nur noch der Zeitraum von einem Jahrhundert dargestellt wird.)

In Abb. 48 wird versucht, die Entwicklung der Telephonie noch einmal kurz in einen weiter gespannten Rahmen einzuordnen: In der Zeit von 1800 bis 1900 wuchs die Einwohnerzahl Großberlins von etwa 200 000 auf über 2 Millionen an. In dieser Zeit siedelten sich Unternehmen in Berlin an, die Berlin zu einer der größten Industriestädte Europas werden ließen. Industrie und Handel konnten sich aber nur entwickeln, wenn geeignete Transportmittel zur Verfügung standen, ab 1838 für den Überlandverkehr von Personen und Waren die Eisenbahn, ab 1865 für den innerstädtischen Verkehr die Pferdebahn und später die elektrische Straßenbahn und ab 1877 für den Vorortverkehr die S-Bahn. Damit war zu Beginn der 80er Jahre eine Situation entstanden, in der sich nun auch ein individuelles Transportmittel für Nachrichten entwickeln konnte, nämlich das öffentliche Fernsprechnetz. Seine technische Voraussetzung war nicht nur die Entwicklung der Fernsprechgeräte selbst, sondern parallel dazu die Entwicklung zentraler Vermittlungseinrichtungen, zu deren Automatisierung 1889 der Amerikaner Strowger den ersten erfolgreichen Anstoß gab.

VIII.

Friedrich von Schiller beschloß seine akademische Antrittsvorlesung „Was heißt und zu welchem Ende studiert man Universalgeschichte?" mit dem Appell, aus dem Studium der Geschichte die Dankbarkeit gegenüber der Vergangenheit und die Verpflichtung gegenüber der Zukunft zu lernen. Der vorstehende Exkurs durch die Geschichte der Nachrichtentechnik konnte sich kein so hohes Ziel setzen. Er versucht nur, die allgemeinen Grundprobleme und -methoden der Nachrichtentechnik in einen allgemeineren Rahmen einzuordnen und an zwei Beispielen, der Telegraphie und der Telephonie, aufzuzeigen, daß auch spezielle technische Entwicklungen jeweils nur in dem größeren Zusammenhang mit den naturwissenschaftlichen Voraussetzungen einerseits und einem offensichtlichen oder latenten Bedarf andererseits verstanden werden können.

Ein stiller Wunsch des Verfassers war es darüber hinaus, in einer Zeit beschleunigt fortschreitender Differenzierung und Spezialisierung aller Wissenschaften ein wenig zu einem wechselseitigen interdisziplinären Verstehen beizutragen.

Summary

After introductory remarks on the significance of language, the development of writing and the terminology of communications engineering, two examples – telegraph and telephony – are used to demonstrate that engineering developments can be understood only in conjunction with progress in the natural sciences on the one hand and the development or recognition of a demand for new engineering solutions on the other.

Résumé

Après des explications d'introduction, traitant de l'importance de la langue, de l'évolution de l'écriture et de la terminologie de la technique des communications, il est démontré à l'aide de deux exemples – la télégraphie et la téléphonie –, que les développements techniques ne peuvent être compris qu'en rapport avec les progrès des connaissances des sciences naturelles d'une part, et avec l'apparition ou l'identification d'un besoin pour de nouvelles solutions techniques d'autre part.

Veröffentlichungen
der Arbeitsgemeinschaft für Forschung des Landes Nordrhein-Westfalen
jetzt der Rheinisch-Westfälischen Akademie der Wissenschaften

Neuerscheinungen 1970 bis 1974

Vorträge N
Heft Nr.

NATUR-, INGENIEUR- UND
WIRTSCHAFTSWISSENSCHAFTEN

206	*Franz Broich, Marl-Hüls*	Probleme der Petrolchemie
207	*Franz Grosse-Brockhoff, Düsseldorf*	Elektrotherapie des Herzens (Eröffnungsfeier am 6. Mai 1970)
208	*Wolfgang Zerna, Bochum*	Bautechnische Probleme bei der Erstellung von Kernkraftwerken
	Otto Jungbluth, Bochum	Sandwichflächentragwerke im konstruktiven Ingenieurbau
209	*Erwin Gärtner, Köln*	Die Vergasung von festen Brennstoffen – eine Zukunftsaufgabe für den westdeutschen Kohlenbergbau
	Rudolf Schulten, Aachen	Reaktoren zur Erzeugung von Wärme bei hohen Temperaturen
	Werner Peters, Essen	Entwicklung von Verfahren zur Kohlevergasung mit Prozeßwärme aus THT-Reaktoren
210	*Léon H. Dupriez, Löwen*	Währungsprobleme der EWG
	Wilhelm Krelle, Bonn	Die Ausnutzung eines gesamtwirtschaftlichen Prognosesystems für wirtschaftliche Entscheidungen
211	*Bernhard Rensch, Münster*	Probleme der Gedächtnisspuren
	Helmut Ruska †, Düsseldorf	Was kann der Biologe noch von der Elektronenmikroskopie erwarten?
212	*Franz Koenigsberger, Manchester*	Die Wechselwirkung zwischen Forschung und Konstruktion im Werkzeugmaschinenbau
	Rolf Hackstein, Aachen	Quantitative Analyse von Mensch-Maschine-Systemen
213	*Günter Schmölders, Köln*	Die öffentlichen Ausgaben als Elemente einer konjunkturpolitisch orientierten Haushaltsführung
	Erich Potthoff, Köln	Die Einheit der Unternehmensführung bei dezentralen Verantwortungsbereichen
214	*Martin Schmeißer, Dortmund*	Plasmachemie – ein aktuelles Teilgebiet der präparativen Chemie
	Gerhard Fritz, Karlsruhe	Bildung und Eigenschaften von Carbosilanen
215	*Charles Sadron, Orléans*	Die biologischen Makromoleküle
	Adolphe Pacault, Talence/Bordeaux	Einführung in eine phänomenologische Untersuchung der Evolution von Systemen
216	*Werner Th. O. Forßmann, Düsseldorf*	Moderne Knochenbruchbehandlung im allgemeinen Krankenhaus
	Carl-Heinz Fischer, Düsseldorf	Forschungsergebnisse und erste Erfahrungen mit einem neuen Kunststoff-Füllungsmaterial für die Zahnbehandlung
217	*Lothar Jaenicke, Köln*	Sexuallockstoffe im Pflanzenreich
218	*Gerard P. Baerends, Groningen*	Moderne Methoden und Ergebnisse der Verhaltensforschung bei Tieren
	Martin Lindauer, Frankfurt/M.	Orientierung der Bienen: Neue Erkenntnisse – neue Rätsel
219	*Fritz Micheel, Münster*	Reaktionen im flüssigen Fluorwasserstoff; Bildung von Kohlenwasserstoffen aus Kohlenhydraten
	Burchard Franck, Münster	Biosynthese biologisch aktiver Naturstoffe
220	*Basil Joseph Asher Bard, London*	Die Arbeit der National Research Development Corporation und ihre Beurteilung für den industriellen Fortschritt
	Walter Charles Marshall, Harwell	Die Umorientierung eines Kernforschungslaboratoriums
221	*Günter Ecker, Bochum*	Klassische Probleme der Gaselektronik in moderner Sicht
	Werner Rieder, Zürich	Plasma als Schaltmedium
222	*Sven Effert, Aachen*	Biomedizinische Technik
	Ludwig E. Feinendegen, Jülich	Nuklearmedizin im interdisziplinären Feld der Großforschung

223	*Peter A. Klaudy, Graz*	Energieübertragung durch tiefstgekühlte, besonders supraleitende Kabel
	Theodor Wasserrab, Aachen	Elektrospeicherfahrzeuge
224	*Karl Steimel, Frankfurt/M.*	Spurgeführter Schnellverkehr – Schnellverkehr auf der Grundlage des Rad-Schiene-Systems
	Herbert Weh, Braunschweig	Berührungsfreie Fahrtechnik für Schnellbahnen
225	*Hans-Jürgen Engell, Düsseldorf*	Sonderfälle der Korrosion der Metalle
	Winfried Dahl, Aachen	Die mechanischen Eigenschaften der Stähle – wissenschaftliche Grundlagen und Forderungen der Praxis
226	*Wilhelm Dettmering, Essen*	Entwicklungsschritte zur Überschallverdichterstufe
	Friedrich Eichhorn, Aachen	Verfahrenstechnische Entwicklung der Schweißtechnik und ihre Bedeutung für die industrielle Fertigung
227	*Pierre Jollès, Paris*	From Lysozymes to Chitinases: Structural, Kinetic and Crystallographic Studies
	Hugo W. Knipping, Köln	Tuberkulosebekämpfung in Tropenländern
228	*Emanuel Vogel, Köln*	Hückel-Aromaten
229	*Gaston Dupouy, Toulouse*	Microscopie électronique sous haute tension
	Jacques Labeyrie, Gif-sur-Yvette	L'astronomie des hautes énergies
230	*André Lichnerowicz, Paris*	Mathématique, Structuralisme et Transdisciplinarité
231	*Donato Palumbo, Brüssel*	Die Thermonukleare Fusion – ihre Aussichten, Probleme und Fortschritte – innerhalb der Europäischen Gemeinschaft
232	*Oswald Kubaschewski, Teddington (England)*	Praktische Anwendung der metallchemischen Thermodynamik
	Bruno Predel, Münster	Thermodynamik und Aufbau von Legierungen – einige neuere Aspekte
233	*Klaus Wagener, Jülich*	Entwicklung der irdischen Atmosphäre durch die Evolution der Biosphäre
234	*Eduard Mückenhausen, Bonn*	Die Produktionskapazität der Böden der Erde
	Hermann Flohn, Bonn	Globale Energiebilanz und Klimaschwankungen
235	*Bernhard Sann, Aachen*	Die Senkung der Maschinenleistung bei Steigerung der Gewinnungsleistung und die Einsteuerung von Maschinen für die schälende Gewinnung von Steinkohle
	Lothar Freytag, Westfalia Lünen	Möglichkeiten der Verwirklichung von Forschungs- und Versuchsergebnissen in der Konstruktion von Maschinen für die schälende Kohlengewinnung
236	*Werner Reichardt, Tübingen*	Verhaltensstudie der musterinduzierten Flugorientierung an der Fliege *Musca domestica*
	Werner Nachtigall, Saarbrücken	Biophysik des Tierflugs
237	*Henry C. J. H. Gelissen, Wassenaar (Niederlande)*	Maßnahmen zur Förderung der regionalen Wirtschaft, gesehen im Blickfeld der EWG
	Horst Albach, Bonn	Kosten- und Ertragsanalyse der beruflichen Bildung
238	*Victor Potter Bond, Upton (USA)*	The Impact of Nuclear Power on the Public: The American Experience
239	*Hennig Stieve, Jülich*	Mechanismen der Erregung von Lichtsinneszellen
240	*Edmund Hlawka, Wien*	Mathematische Modelle der kinetischen Gastheorie
241	*Werner Buckel, Karlsruhe*	Aktuelle Probleme der Supraleitung
	Werner Schilling, Jülich	Zwischengitteratome in Metallen
242	*Reimar Lüst, München*	Plasma-Experimente im Weltraum
244	*Volker Aschoff, Aachen*	Aus der Geschichte der Nachrichtentechnik
245	*Lucien Coche, Paris*	Angewandte Forschung für die Stahlerzeugung in den Unternehmen, auf nationaler Ebene und in der Europäischen Gemeinschaft
	Ludwig von Bogdandy, Duisburg	Wechselwirkungen zwischen physikalisch-chemischer Grundlagenforschung, theoretischer Metallurgie und großindustrieller Stahlerzeugung

ABHANDLUNGEN

Band Nr.

20	*Theodor Schieder, Köln*	Das deutsche Kaiserreich von 1871 als Nationalstaat
21	*Georg Schreiber †, Münster*	Der Bergbau in Geschichte, Ethos und Sakralkultur
22	*Max Braubach, Bonn*	Die Geheimdiplomatie des Prinzen Eugen von Savoyen
23	*Walter F. Schirmer, Bonn, und Ulrich Broich, Göttingen*	Studien zum literarischen Patronat im England des 12. Jahrhunderts
24	*Anton Moortgat, Berlin*	Tell Chuēra in Nordost-Syrien. Vorläufiger Bericht über die dritte Grabungskampagne 1960
25	*Margarete Newels, Bonn*	Poetica de Aristoteles traducida de latin. Ilustrada y comentada por Juan Pablo Martir Rizo (erste kritische Ausgabe des spanischen Textes)
26	*Vilho Niitemaa, Turku, Pentti Renvall, Helsinki, Erich Kunze, Helsinki, und Oscar Nikula, Abo*	Finnland – gestern und heute
27	*Ahasver von Brandt, Heidelberg, Paul Johansen, Hamburg, Hans van Werveke, Gent, Kjell Kumlien, Stockholm, Hermann Kellenbenz, Köln*	Die Deutsche Hanse als Mittler zwischen Ost und West
28	*Hermann Conrad †, Gerd Kleinheyer, Thea Buyken und Martin Herold, Bonn*	Recht und Verfassung des Reiches in der Zeit Maria Theresias. Die Vorträge zum Unterricht des Erzherzogs Joseph im Natur- und Völkerrecht sowie im Deutschen Staats- und Lehnrecht
29	*Erich Dinkler, Heidelberg*	Das Apsismosaik von S. Apollinare in Classe
30	*Walther Hubatsch, Bonn, Bernhard Stasiewski, Bonn, Reinhard Wittram †, Göttingen, Ludwig Petry, Mainz, und Erich Keyser, Marburg (Lahn)*	Deutsche Universitäten und Hochschulen im Osten
31	*Anton Moortgat, Berlin*	Tell Chuēra in Nordost-Syrien. Bericht über die vierte Grabungskampagne 1963
32	*Albrecht Dihle, Köln*	Umstrittene Daten. Untersuchungen zum Auftreten der Griechen am Roten Meer
33	*Heinrich Behnke und Klaus Kopfermann (Hrsgb.), Münster*	Festschrift zur Gedächtnisfeier für Karl Weierstraß 1815–1965
34	*Joh. Leo Weisgerber, Bonn*	Die Namen der Ubier
35	*Otto Sandrock, Bonn*	Zur ergänzenden Vertragsauslegung im materiellen und internationalen Schuldvertragsrecht. Methodologische Untersuchungen zur Rechtsquellenlehre im Schuldvertragsrecht
36	*Iselin Gundermann, Bonn*	Untersuchungen zum Gebetbüchlein der Herzogin Dorothea von Preußen
37	*Ulrich Eisenhardt, Bonn*	Die weltliche Gerichtsbarkeit der Offizialate in Köln, Bonn und Werl im 18. Jahrhundert
38	*Max Braubach, Bonn*	Bonner Professoren und Studenten in den Revolutionsjahren 1848/49
39	*Henning Bock (Bearb.), Berlin*	Adolf von Hildebrand Gesammelte Schriften zur Kunst
40	*Geo Widengren, Uppsala*	Der Feudalismus im alten Iran
41	*Albrecht Dihle, Köln*	Homer-Probleme
42	*Frank Reuter, Erlangen*	Funkmeß. Die Entwicklung und der Einsatz des RADAR-Verfahrens in Deutschland bis zum Ende des Zweiten Weltkrieges
43	*Otto Eißfeldt †, Halle, und Karl Heinrich Rengstorf (Hrsgb.), Münster*	Briefwechsel zwischen Franz Delitzsch und Wolf Wilhelm Graf Baudissin 1866–1890
44	*Reiner Haussherr, Bonn*	Michelangelos Kruzifixus für Vittoria Colonna. Bemerkungen zu Ikonographie und theologischer Deutung

45	*Gerd Kleinheyer, Regensburg*	Zur Rechtsgestalt von Akkusationsprozeß und peinlicher Frage im frühen 17. Jahrhundert. Ein Regensburger Anklageprozeß vor dem Reichshofrat. Anhang: Der Statt Regenspurg Peinliche Gerichtsordnung
46	*Heinrich Lausberg, Münster*	Das Sonett Les Grenades von Paul Valéry
47	*Jochen Schröder, Bonn*	Internationale Zuständigkeit. Entwurf eines Systems von Zuständigkeitsinteressen im zwischenstaatlichen Privatverfahrensrecht aufgrund rechtshistorischer, rechtsvergleichender und rechtspolitischer Betrachtungen
48	*Günther Stökl, Köln*	Testament und Siegel Ivans IV.
49	*Michael Weiers, Bonn*	Die Sprache der Moghol der Provinz Herat in Afghanistan
50	*Walther Heissig (Hrsgb.), Bonn*	Schriftliche Quellen in Moġolī 1. Teil: Texte in Faksimile
51	*Thea Buyken, Köln*	Die Constitutionen von Melfi und das Jus Francorum
52	*Jörg-Ulrich Fechner, Bochum*	Erfahrene und erfundene Landschaft Aurelio de'Giorgi Bertòlas Deutschlandbild und die Begründung der Rheinromantik

Sonderreihe
PAPYROLOGICA COLONIENSIA

Vol. I
Aloys Kehl, Köln   Der Psalmenkommentar von Tura, Quaternio IX
                                                     (Pap. Colon. Theol. 1)

Vol. II
Erich Lüddeckens, Würzburg   Demotische und
P. Angelicus Kropp O. P., Klausen   Koptische Texte
Alfred Hermann und Manfred Weber, Köln

Vol. III
Stephanie West, Oxford   The Ptolemaic Papyri of Homer

Vol. IV
Ursula Hagedorn und Dieter Hagedorn, Köln,   Das Archiv des Petaus (P. Petaus)
Louise C. Youtie und Herbert C. Youtie,
Ann Arbor

Vol. V
Angelo Geißen, Köln   Katalog Alexandrinischer Kaisermünzen der Sammlung des Instituts für Altertumskunde der Universität zu Köln
                                                     Band I: Augustus-Trajan (Nr. 1–740)

SONDERVERÖFFENTLICHUNGEN

Der Minister für Wissenschaft und   Jahrbuch 1963, 1964, 1965, 1966, 1967, 1968, 1969, 1970 und
Forschung   1971/72 des Landesamtes für Forschung
des Landes Nordrhein-Westfalen
– Landesamt für Forschung –

Verzeichnisse sämtlicher Veröffentlichungen der Arbeitsgemeinschaft
für Forschung des Landes Nordrhein-Westfalen, jetzt der
Rheinisch-Westfälischen Akademie der Wissenschaften, können beim
Westdeutschen Verlag GmbH, 567 Opladen, Postfach 1620, angefordert werden.

If you have any concerns about our products,
you can contact us on
ProductSafety@springernature.com

In case Publisher is established outside the EU,
the EU authorized representative is:
**Springer Nature Customer Service Center GmbH
Europaplatz 3, 69115 Heidelberg, Germany**

Printed by Libri Plureos GmbH
in Hamburg, Germany